精品课程新形态教材

新时代创新型人才培养精品教材

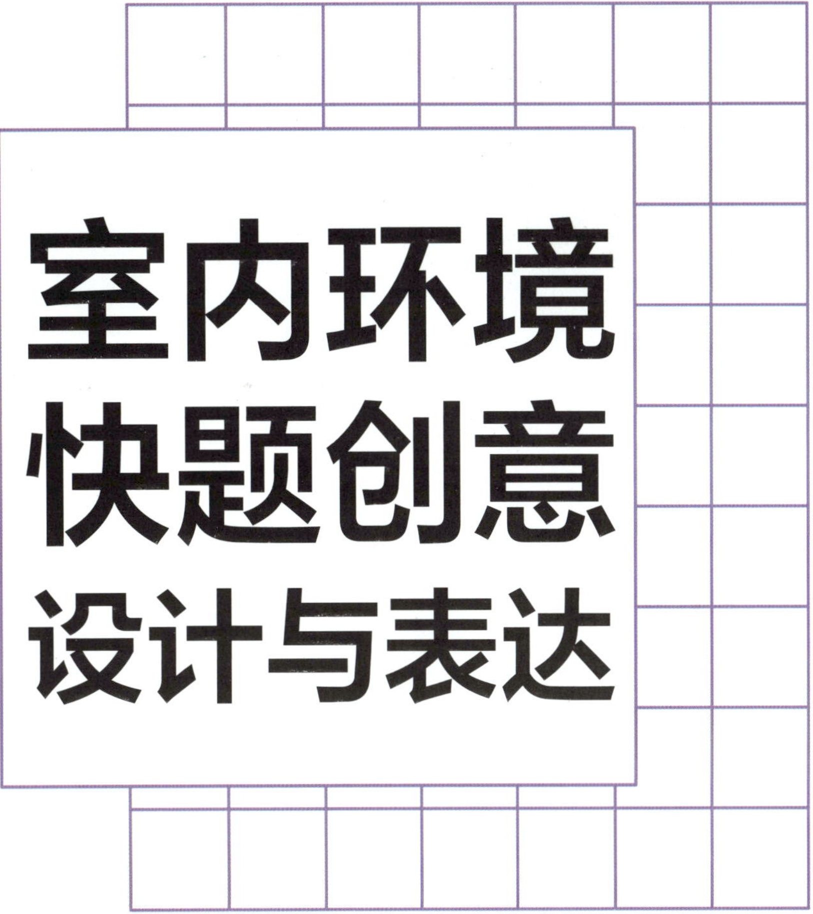

室内环境快题创意设计与表达

主　编　谢　璇　黄　佳　易　锐

副主编　马玉兰　陈素梅　冉芬丽

　　　　李建美　王　乐

上海交通大學出版社

SHANGHAI JIAO TONG UNIVERSITY PRESS

内容提要

本书结合环境设计发展趋势及时代特点，将环境快题创意设计所涉及的各方面知识有机地结合，并加入一定的技术方法与手段，以满足当前设计专业的实践需要。具体内容包括室内快题设计概述、室内快题设计的基本学习方法、室内快题设计的表现工具及表现手法、室内快题设计的设计程序、室内快题设计的表现要素以及室内环境快题创意设计案例实训等。书中加入实践案例分析教学，由浅入深地开拓设计创造方法，能有效提高读者室内环境快题设计的创造能力和创新思维及表达实现能力。

图书在版编目（CIP）数据

室内环境快题创意设计与表达 / 谢璇，黄佳，易锐主编. —上海：上海交通大学出版社，2022.1（2025.2 重印）
ISBN 978-7-313-25405-4

Ⅰ. ①室… Ⅱ. ①谢… ②黄… ③易… Ⅲ. ①室内装饰设计 Ⅳ. ① TU238.2

中国版本图书馆 CIP 数据核字 (2021) 第 180629 号

室内环境快题创意设计与表达
SHINEI HUANJING KUAITI CHUANGYI SHEJI YU BIAODA

主　　编：谢 璇 黄 佳 易 锐
出版发行：上海交通大学出版社　　地　　址：上海市番禺路 951 号
印　　制：三河市龙大印装有限公司　　经　　销：全国新华书店
开　　本：889 mm × 1 194 mm　1/16　　印　　张：10
字　　数：218 千字
版　　次：2022 年 1 月第 1 版　　印　　次：2025 年 2 月第 2 次印刷
书　　号：ISBN 978-7-313-25405-4
定　　价：59.80 元

党的二十大报告提出："教育、科技、人才是全面建设社会主义现代化国家的基础性、战略性支撑。"室内环境快题创意设计与表达一直以来都是普通高校环境艺术设计专业的重要课程和必修课程之一。由于其快速方案设计和方案表达的特点，当前既是环境艺术设计专业的必修科目，也是各大设计单位考核和选拔环艺专业毕业生的一种重要方式，是对学生综合能力和发展潜力的全面考察，所以"室内环境快题创意设计与表达"训练已迅速发展成为一种专业性很强、实用性大的环境艺术设计表现手段。

全书共分为六章，结合环境设计发展趋势及时代特点，将室内环境快题创意设计与表达所涉及的各方面知识有机地结合。从本课程设置初始时，主要以训练学生对空间功能和设计语言形式表现为主，到目前重点培养学生站在可持续发展的高度去把握设计创意概念的形成，如何运用科学的创新思维方式和表现技法来完成室内环境快题创意方案，在表现能力的基础上，重点注重设计思维的训练，关注方案设计，回到设计的本源，我们认为在教学方式上有了质的飞跃，这也是本书的意义所在。本书具体内容包括室内环境快题创意设计概述、室内环快题设计的基本学习方法、室内环境快题

P R E F A C E

设计的表现工具及表现手法、室内环境快题设计的设计程序、室内环境快题设计的表现要素以及室内环境快题创意设计案例实训等。书中加入学生案例分析教学，既帮助学生更直观地理解教学内容，又能提升学生的动手能力。全书内容结构合理，图文并茂，重点突出，简明紧凑，应用性强。可作为高等院校环境设计专业的学习教材，又可供广大艺术设计工作者和爱好者阅读参考。

本书的编写吸收了当前室内环境艺术设计的很多新思想，根据环境艺术专业学生的学习特点，从教与学的特殊视角，用系统的理论知识和丰富的设计案例，培养学生的创造能力和全面的艺术设计思维能力。在本书的编写过程中，得到了编辑们的大力支持，在此谨对他们表示衷心的感谢！

因编者水平和时间有限，本书难免有不足和疏漏之处，希望广大读者批评指正。此外，编者还为广大一线教师提供了服务于本教材的教学资源库，有需要者可致电13716022670或发邮件至261345771@qq.com。

编　者

第一章 室内快题设计概述

第一节　什么是室内快题设计　\002
第二节　室内快题设计的重要性　\003
第三节　室内快题设计的特点　\011
第四节　室内快题的设计原则　\015

第二章 室内快题设计的基本学习方法

第一节　培养扎实的速写、素描与色彩的绘画功底　\030
第二节　线条的训练　\035
第三节　熟练掌握透视原理与作图方法　\040
第四节　长期的手绘效果图空间环境表现训练　\047
第五节　深入了解和表现装饰材料的特性　\053
第六节　快速、精准、全面的设计思维训练　\060

第三章 室内快题设计的表现工具及表现手法

第一节　彩色铅笔表现方法　\068
第二节　钢笔淡彩表现方法　\071
第三节　马克笔表现方法　\073
第四节　综合表现方法　\085

第四章 室内快题设计的设计程序

第一节　方案设计的前期——解读任务书　\090

第二节　设计定位的形成——构思与定位　\091

第三节　方案设计的形成——功能与形式　\092

第四节　方案设计的深化——界面设计　\103

第五节　方案设计的完成——氛围的营造　\107

第五章 室内快题设计的表现要素

第一节　版面设计　\112

第二节　美术字　\115

第三节　平面布置图　\119

第四节　立面图　\128

第五节　设计说明　\130

第六节　透视效果图　\132

第六章 室内环境快题创意设计案例实训

第一节　主题餐饮空间方案设计　\136

第二节　办公空间创意设计　\144

第三节　独立书店方案设计　\149

参考文献　\154

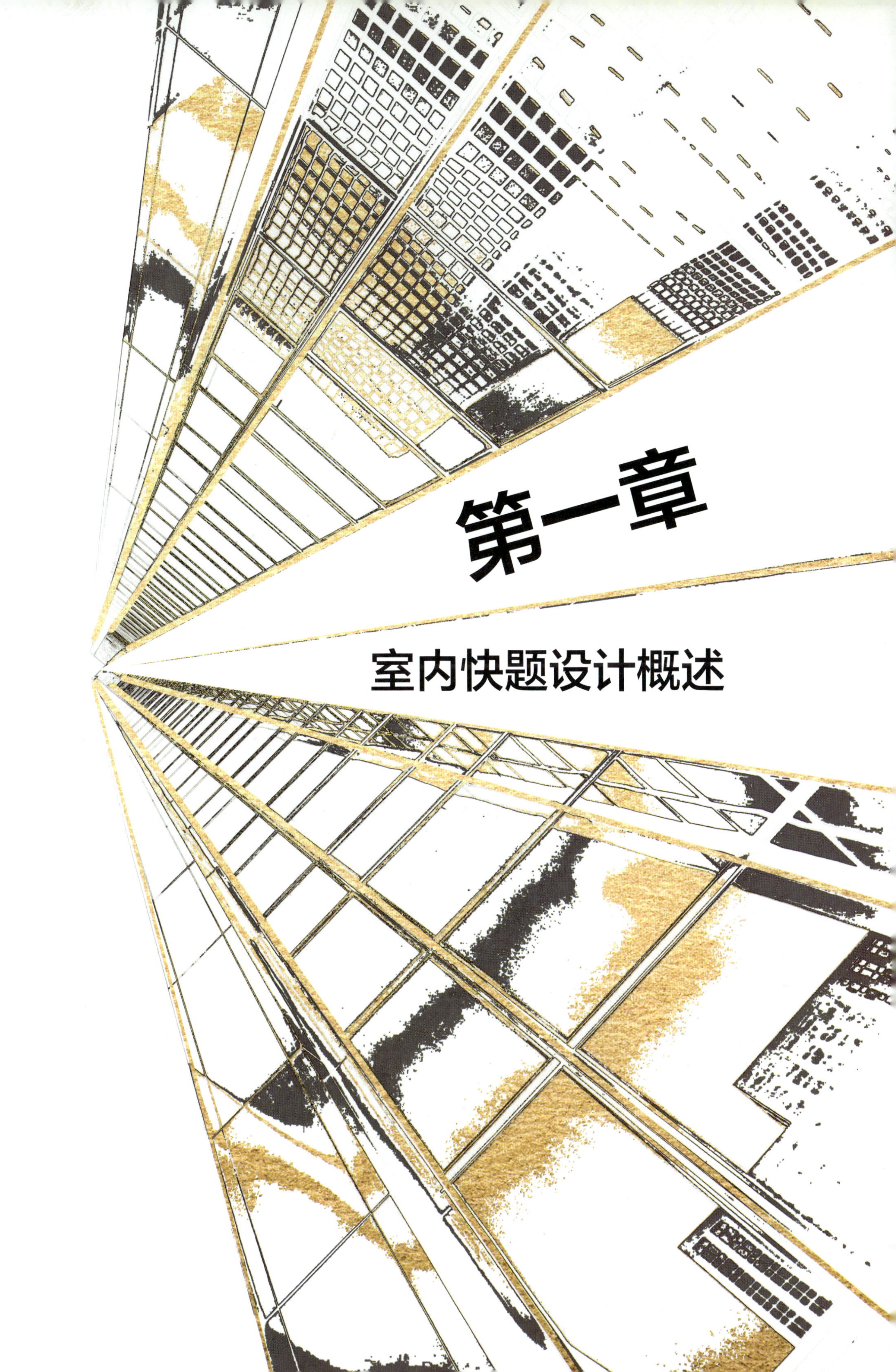

第一章

室内快题设计概述

在艺术设计院校中，室内快题设计与表达愈来愈受到广大师生朋友们的喜爱与关注，学生们纷纷效仿一些手绘设计大师进行大量快题设计的训练。其实在徒手表达训练之初，深入快题设计的本质把握显得更为重要。本章从全方位的角度向大家介绍了什么是室内快题设计，回答了快题设计有哪些类型和内容，特点如何，并对其进行详细的讲解，最后对快题设计的设计原则进行深入分析，旨在提高学生对快题设计的了解，从而帮助大家快速有效地打开探索室内快题创意设计与表达的大门。

本章知识点

室内快题设计的概念、重要性与特点；室内快题设计的设计原则。

学习目标

了解室内快题设计的概念；正确认识为什么要学习室内快题设计；室内快题设计的特点一般表现在哪些方面；室内快题设计的设计原则有哪些。

第一节 什么是室内快题设计

快题设计是指在较短时间内将设计思路用手绘的形式快速地表达出来的一种方法，要求完成一个能够反映设计思想和理念的设计成果。这些成果内容包括审题、设计构思的定位、方案的推敲与深化、简要的施工图表现、透视效果图的表达和排版及设计说明文字。室内快题设计的特点就是强调“快”字，考查的是一个学生的设计水平、表现技巧、构思广度、应变能力、心理素质等综合能力（图1-1）。

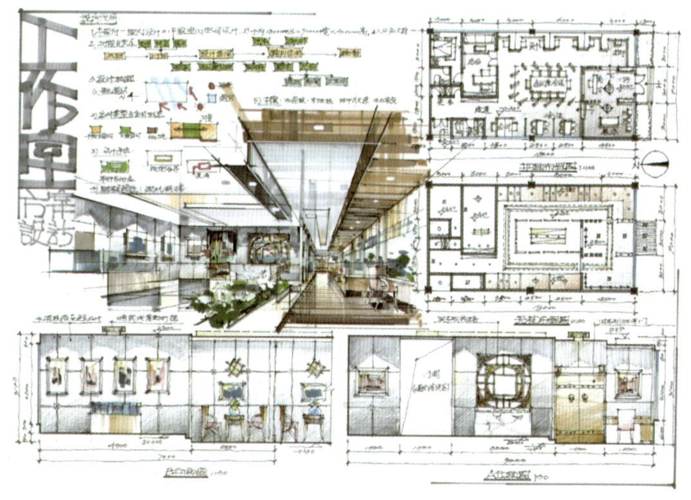

▲ 图1-1 室内快题设计方案的表达（秦瑞虎 作品）

简而言之，室内快题设计是指在短时间内完成从审题，把握设计要求，整理设计要素，到合理构思设计方案的功能组织与形态结构，最终完成方案表达的总过程。

室内快题设计在表现形式上虽与速写较为相似，但是其更注重于构思和创意。对于室内快题设计而言，其不仅需要在所规定的短时间内完成原创速记及分析记录，而且还需要使方案设计和表达具有足够的深度，为此在快题设计过程中需要掌握特定的方法并遵循相应的原则，这样才能准确地嵌入图表、文字、形态等附加说明，以达成空间塑造满足功能的设计要求。

第二节 室内快题设计的重要性

1. 普通高校设计类专业的必修课程之一

在普通高校按设计类专业区分，可分为建筑设计快题设计（图1–2）、城市规划快题设计（图1–3）、园林景观快题设计（图1–4）、室内快题设计（图1–5）、工业快题设计等，可见设计类专业几乎都有快题设计这门课程。快题设计对于拓展学生的发散性思维能力、发掘多角度并且快速分析问题的能力、强化手绘表现和口头表达能力、提高设计评价能力、培养综合设计能力等确实有非常好的指导性作用。在环境艺术设计教学中，快题设计这门课程占据着重要的一席之地。

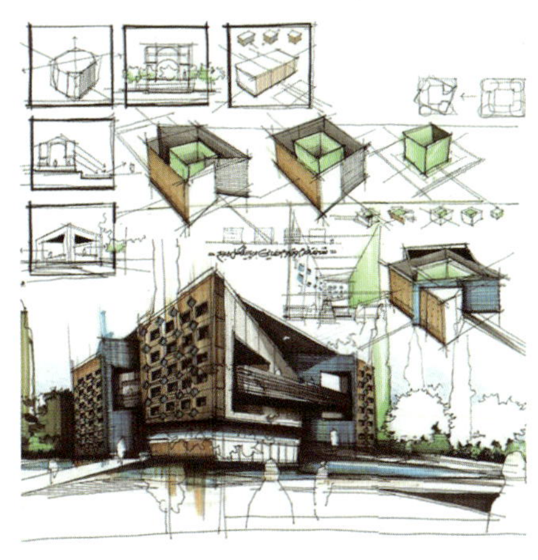

▲ 图1–2 建筑快题设计图例(徐志伟 作品)

▲ 图1-3　城市规划快题设计图例（海上艺号　作品）

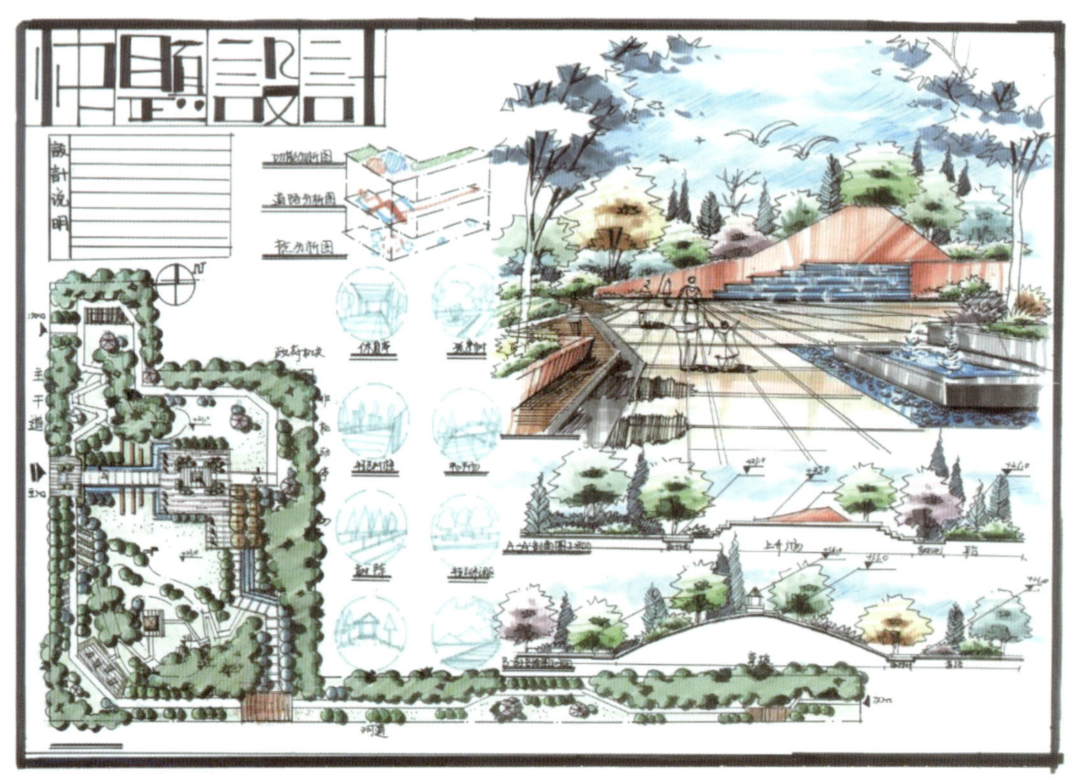

▲ 图1-4　景观快题设计图例（管昭　作品）

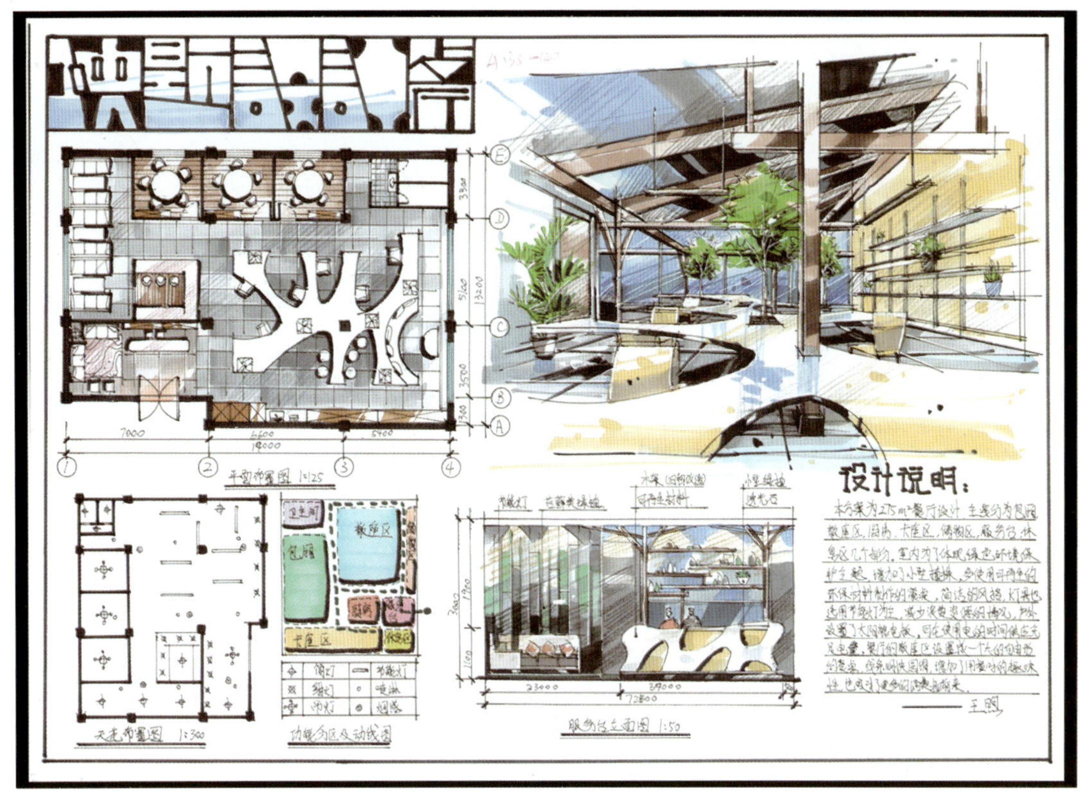

▲ 图1-5 餐饮空间快题设计（王煦 作品）

各艺术院校艺术专业教学的侧重点有所不同，所开设的课程各有特色。其中，作为基础课部分的素描、色彩、平面构成、立体构成等课程大部分院校均有开设。对于专业设计课程，各校依据自身特点安排课程，如建筑制图、人体工程学、室内设计原理、中外建筑史、快题设计、家具设计、展示设计、Auto CAD、3ds MAX 等。按课程的性质，可以分为专业理论课、专业设计课、专业绘图课。其中，建筑史、室内设计原理属于理论课范畴；家具设计、展示设计属于设计课范畴；建筑制图、Auto CAD、3ds MAX 属于为绘图课范畴。快题设计既属于设计课范畴，又属于绘图课范畴，具有双重属性。

2. 室内快题设计是环境艺术设计毕业生应聘企业的必备技能

通常一个用人单位都希望从众多毕业生中选拔出优秀的人才，要求这些人才具备优良的设计素质与潜力，富有创新的创作思维以及完善的图面表达功底。而通过快题设计现场考核的方式恰恰能满足用人单位的这个用人需求，在较短时间内用最简单、快速、有效的方法来考核一个毕业生的综合设计能力。

随着社会的进步，用人单位对环境艺术设计专业人才的需求持续攀升，尤其是室内装饰装修行业的快速发展，为此室内快题设计表达更趋向于艺术、准确、高效和完整性（图1-6）。

▲ 图 1-6　室内快题设计的艺术化表达效果

3. 室内快题设计是环境艺术设计专业重要的考核方式

快题设计本是一种设计类专业特有的考试方式，在特定的时间内完成一个主题设计，最终成果是一套相对完整并能反映设计主要内容的方案图纸。虽然快题设计并不能完全真实、全面地反映学生的实际设计水平，但快题在相当程度上反映了学生的真实的创意构思水平和徒手画能力，检验了学生的基本专业综合技能的掌握情况。所以，快题设计作为一种考核方式，被广泛应用于建筑设计、城市规划设计、景观设计、室内设计、工业设计等专业的职业注册资格考试、硕博士入学考试、单位选拔考试中（图1–7、图1–8）。所以掌握快题设计表现技法对于应对各种考核至关重要。

▲ 图1–7　室内空间手绘效果表达（邹定宇　作品）

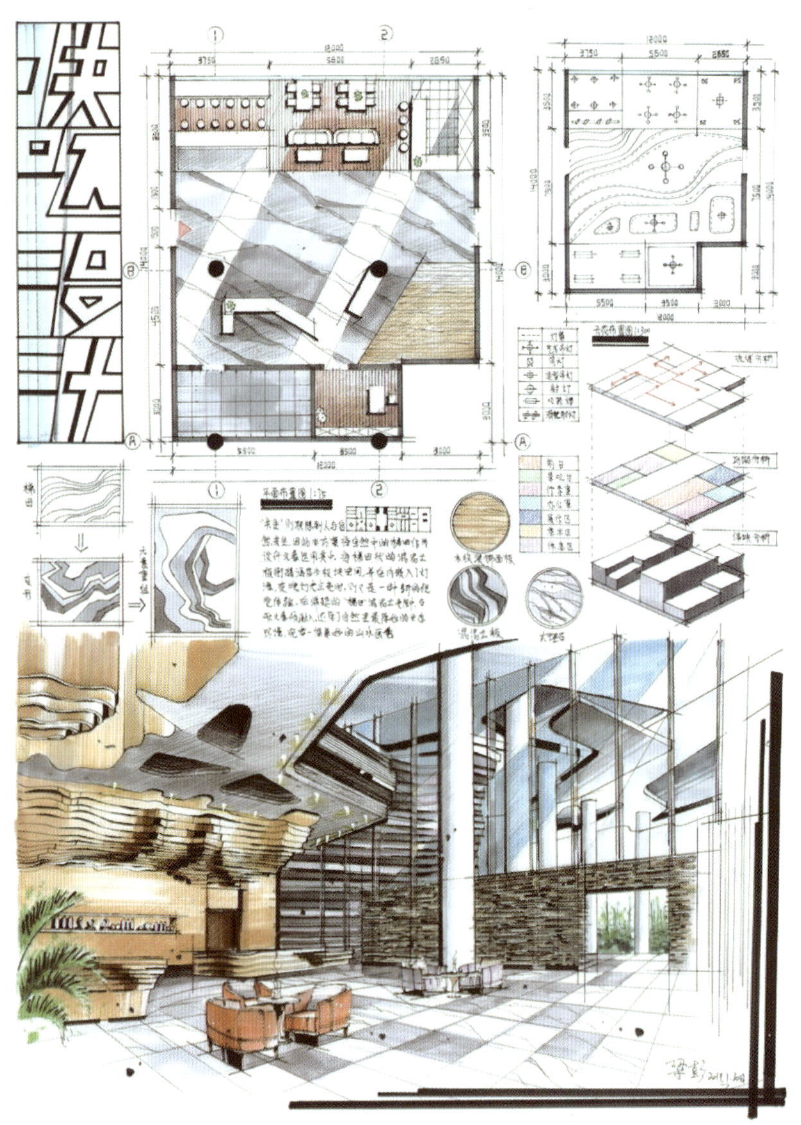

▲ 图1–8　售楼中心快题设计（梁彭　作品）

4. 室内快题设计是设计人员的得力助手

通常，一项装饰工程的设计，设计师总要经过相当长的时间对设计方案进行反复推敲、修改、完善，以便尽可能地把设计矛盾在图纸上解决。同时，设计过程还要遵循固有的程序，初步设计方案向建设方征求意见，如此反复多次，最终还要通过主管部门或审批部门的认可。因此，方案设计周期视项目规模、性质及各种错综复杂的外因情况，少则一月，多则一年半载。但是，在某种情况下，却没有足够的时间让设计师不慌不忙地对这种方案进行深入的研究。况且，有时也不必一开始就拿出完善的设计方案，而是需要设计师在较短的时间内，拿出许多个方案设想。因此，设计师要打破设计常规，高速优质地在较短时间内，设计一个可供发展的方案，这种工作方法就是快题设计。另外，在今天蓬勃发展的建筑业中，大量的工程投标，建设方急于开工的报批方案等，都需要设计师尽快拿出方案，运用快题设计的工作方法可以迅速地创作出一个独特的方案参与竞标或供主管部门审批（图1–9）。

▲ 图1–9　室内快题设计效果图（邹定宇　作品）

5. 室内快题设计是开启设计创意思维的一把钥匙

目前很多艺术设计院校的学生都沿袭一种设计模式，即“模仿一归纳一整合”的设计思维方式进行设计，即根据设计题目，首先大量翻阅资料，然后根据自己的大体设计思路归纳出适合的表现形式，把资料中适合的表现形式和方法重新整合，完成整套设计方案。虽然学生这种创作思路不能全盘否定，但毕竟不是艺术设计创造性思维的科学方法。而快题设计方法，则是培养学生的开拓性、原创性设计思维方式，挖掘创造性的表达能力，让学生把关注的重点放在创意概念的形成和探寻解决设计问题的过程上，通过快速的表现手法以点带面表现出自己原创性的设计创意（图1-10）。而不是在一开始设计就陷入模仿组合的僵化模式。

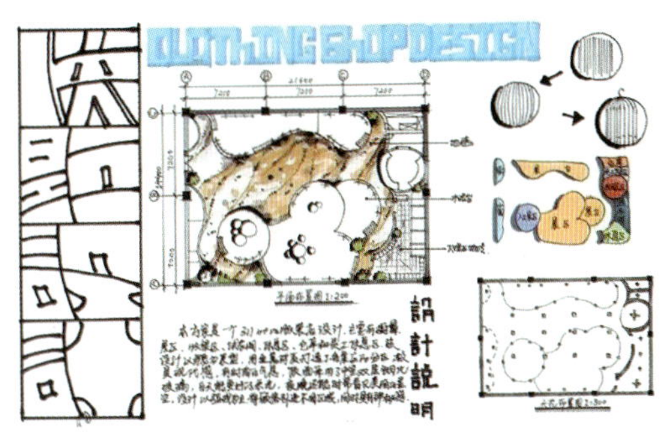

▲ 图1-10　快题设计中思维的表达方式图例

快题设计的原创性思维方式建立的关键是挖掘创造性和个性的表达能力，创造性是艺术思维中的较高思维层次。人们一般的思维方式是再现性的思维方式，通过记忆中对事物的感受和潜意识的融合唤起对新问题的思考，这是一种有象的再现性思维，是顺畅和容易的。学生在设计过程中不自觉地运用再现性思维方式并不是主观的逃避创造性的思维方式，而是有两个主要原因：一是长期课堂作业养成了一种“磨”设计的习惯，思考环境比较轻松，这样，就潜藏着一种导致思维能力逐渐退化的危险；二是对挖掘自己的原创性创意思维闪光点缺乏自信心和捕捉能力。而创造性的思维是有象与无象的结合，其中想象占有很大的成分，通过大脑记忆中的感知觉，运用想象和分析进行自觉的原创性表现思维。创造性的思维由于探索性强度高，需要联想、推理和判断，要求环环相扣，所以是比较艰苦和困难的，但它却是艺术设计最科学合理的思维方式。

快题设计方法是开启设计创意思维的一把钥匙，快题设计不但能促成设计方案迅速生成，并沿着正确的设计方向发展。更重要的是提高设计者对设计整体方案的控制和驾驭能力（图1-11、图1-12）。

▲ 图1–11　餐饮空间快题设计的思维过程(童悦　作品)

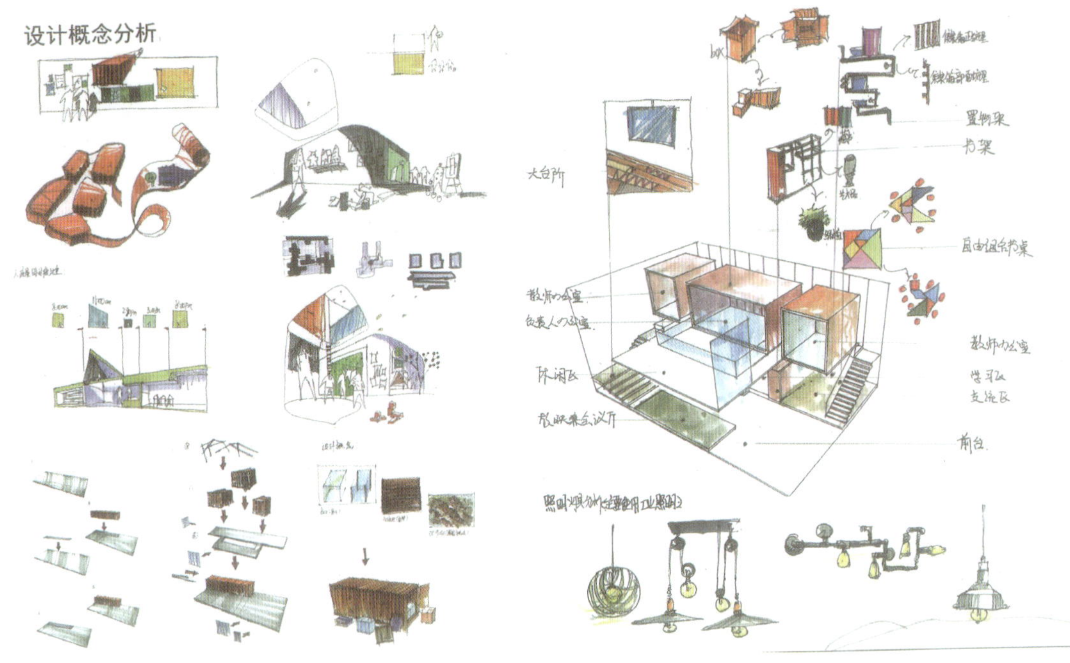

▲ 图1-12　方案构思过程2（《室内快题设计方法与实例》）

第三节 室内快题设计的特点

1. 分析题意及设计条件的审题快

由于设计时间的限制（如3~6小时），为了最终能拿出一个相对较为满意的方案，就必须在设计的每个环节加速进行。也就是说得快速理解题意，抓住命题的重要字眼，总结命题题意。如果允许的话，在该阶段审题过程中可在题目上用铅笔做重要审题标记，便于理解题意、分析设计条件，快速地从乱麻中理清头绪并抓住设计中的主要矛盾，快速构思立意并找准设计方向，快速下手沿着设计捷径推进设计进程，直到一步到位达到设计目标。

2. 方案构思的定位快

设计不单是画图的过程，更是思维的过程。设计过程自始至终充满矛盾，而这些矛盾都交织在一起，它们相互制约又相互因果。此外，室内设计还涉及多学科的相互整合或牵制。因此，在快题设计中设计思维一定要清晰，分清主次，抓住关键，优化决策，快速定位好方案构思，要求大家必须掌握正确的设计方法、熟悉各类建筑室内的设计原理、要有较全面的知识结构，有了这些才能快速调动创作情绪，积极捕捉构思灵感，快速分析与综合设计矛盾，果断决策方案建构的出路（图1-13）。

根据审题结果进行方案设计构思，脑和手同时用，可以边构思边勾勒各种设计草图（如平面布局、采光、功能内容及关系、设计形式等）。如果时间允许，建议在该阶段进行多方案比较，便于方案的质量控制和提取，最终确定设计方案（图1-14）。

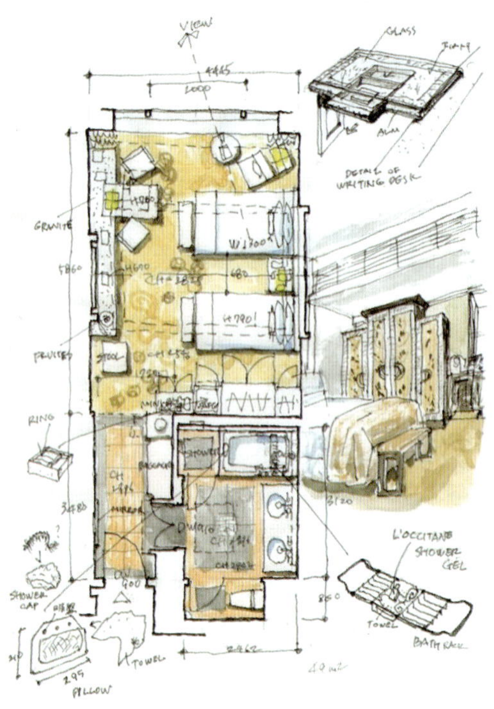

▲ 图1-13　酒店客房方案设计过程草图

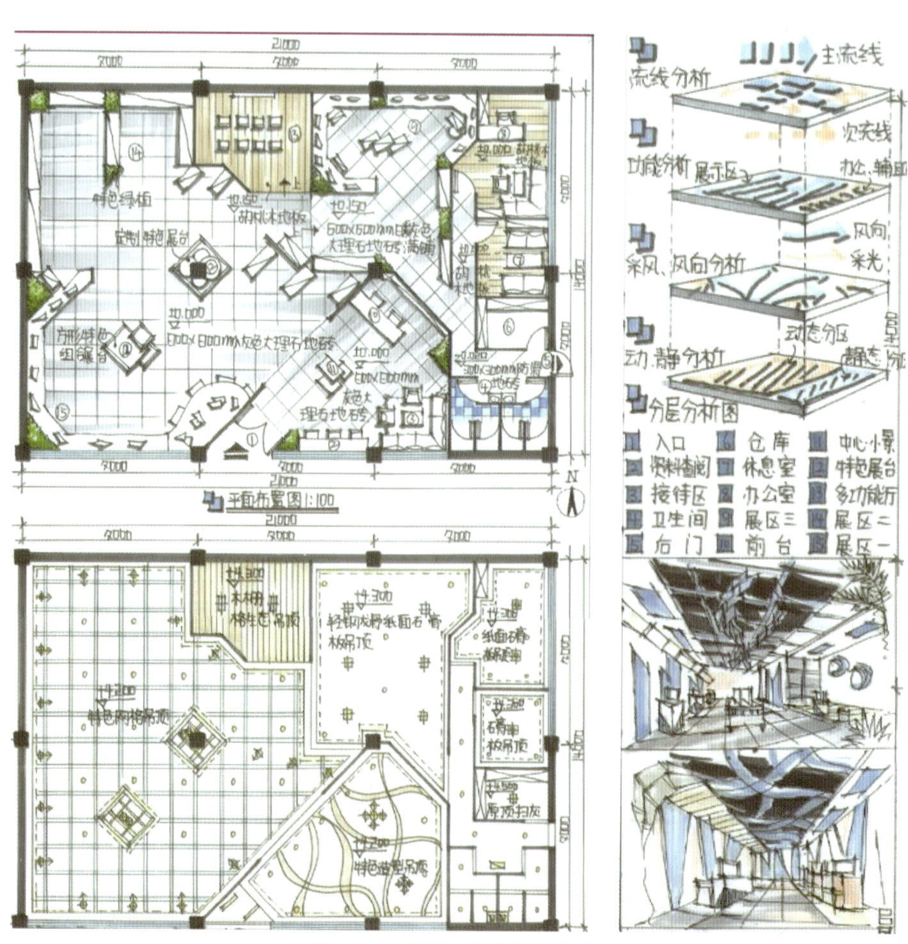

▲ 图1-14　展厅方案设计过程草图

3. 推敲及完善方案的能力快

在方案构思定位好的基础上，要迅速敏捷地对方案进行推敲和完善。一般而言，方案设计程序大致要经历“环境设计—单体设计—细部设计”全过程，而这一设计程序规定了设计路线一定是“从整体到局部”的发展和演变过程。从设计各阶段来看，也是一个“先整体后局部”的推敲过程。设计操作由粗到细，由模糊到清晰具体，由概念到图示，这不只是简单的表达方式的变化，更重要的是一种正确的设计方法。只有掌握好正确的设计方法和程序，才能在方案完善过程中做到既快速又娴熟。在快题设计中，要在规定的时间内快速完善好方案设计草图，以便下一步设计工作的开展（图1-15）。

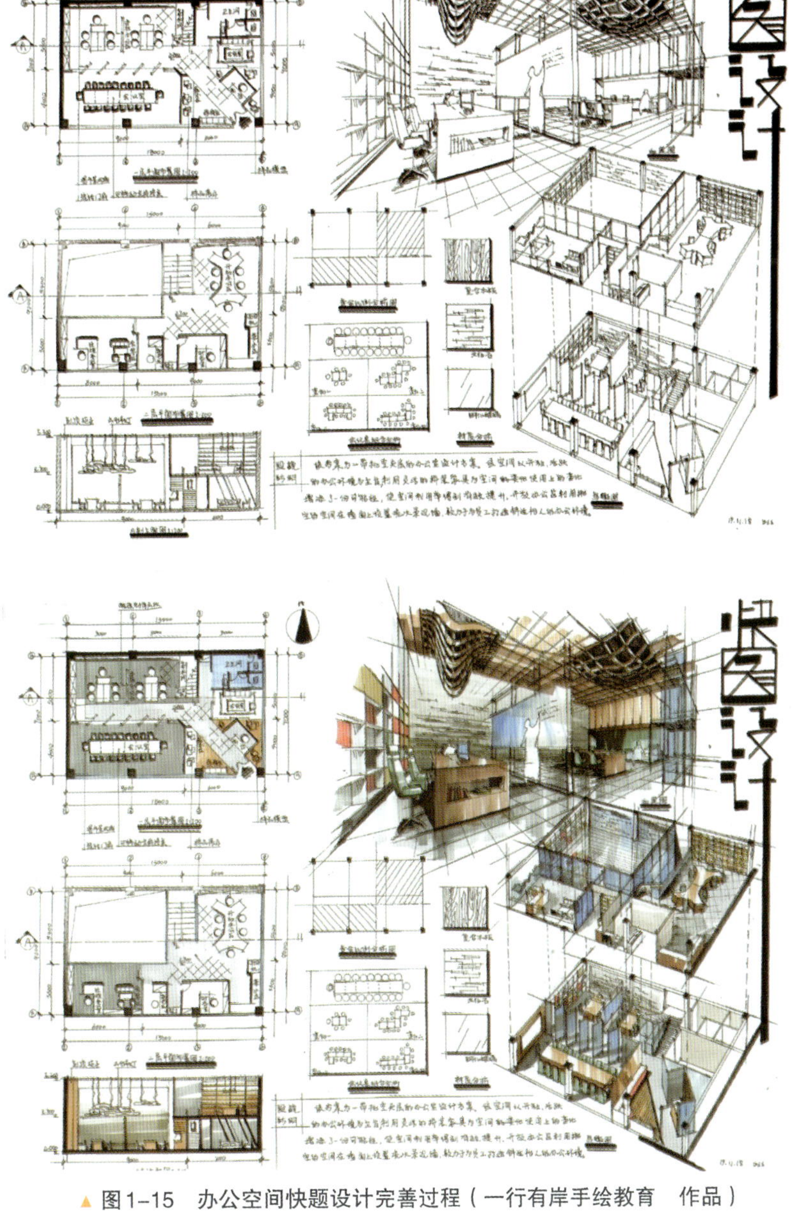

▲ 图1-15　办公空间快题设计完善过程（一行有岸手绘教育　作品）

4.设计表现的速度快，个人风格明显

快题设计就是要在较短的规定时间内按照设计要求完成具有一定深度的方案设计与表达。这与我们临摹效果图是完全不一样的。在这样一种类似“无中生有”的过程中，我们必须强调在动笔之前就要对表现对象有完全的了解和认知，做到“胸有成竹”。事先明确用什么透视角度，排版布局如何规划，用什么样的技法等，设计重点、设计元素是什么，画面效果该如何呈现，这样才能“下笔如有神”。这也势必要求设计表现的速度一定要又快又准又熟练，线条要运笔流畅，不拘小节，一气呵成，着色要挥洒自如、轻松随意洒脱，配景简练概括、适可而止（图1-16）。

▲ 图1-16　快题设计中表达风格(邹定宇　作品)

快题设计的成果只要求抓住影响设计方案全局性的大问题来表现，由于受时间的制约，不可能面面俱到地表现方案中的细枝末节，哪怕快题设计方案完成后还存在美中不足的缺憾，也不能陷入反反复复的推敲中，时间规划决定着快题设计的成败。所以一套方案的最终成果应简练地表现出室内设计风格特色、功能分区合理的划分、家具陈设与空间环境的协调、材质运用的合理表达以及色彩、照明的审美魅力（图1-17）。

▲ 图1-17　一气呵成的快题设计表达方式

第四节 室内快题的设计原则

1.以人为本的设计原则

室内快题设计的最终目的是为“人”服务，这也是室内快题设计的首要表达原则。早在20世纪初很多著名的设计师就提出了“以人为中心"的设计思想。“以人为中心”就是“以人为本”，它体现了对人性的关怀和尊重。在室内快题设计中，创造以人为本的功能空间来服务于人，更应该作为核心内容来进行。由于快题设计受时间的制约，在设计过程中，需要考虑的信息量丰富，设计者的思维会受到材料、色彩、工艺以及各种设计元素的冲击，“以人为中心”的设计思想往往被不经意地忽略，这在快题设计中应该引起极大重视。

以人为本的设计原则体现在快题设计中，主要从生理和心理需求两个方面着手分析。满足人在生理方面的需要，要从空间的划分、功能、尺度入手。功能是满足人的需要的最重要因素，在空间的划分上要充分考虑到人的功能需要，根据功能的使用频率和人使用的舒适性来规划设计空间。家具陈设在空间中的尺度设计是否合理与恰到好处，也是能否更好地满足人的生理需求的设计表达要求，人体工程学就是为了解决这一问题而产生的学科。尺度设计要针对不同年龄的人、不同的使用对象，考虑相应的使用要求，尤其是儿童、老人和残疾人等这些特殊群体的行为需求，在特定需要的场合要格外重视（图1–18）。

▲ 图1–18　满足人性化需求的快题设计（周小董　作品）

满足人在心理方面的需要，主要是体现在精神审美的层面。把握审美主体的意志、性格、趣味、审美心理等因素，创造高品质的生活与工作空间、高品位的精神空间，应是室内快题设计高层次的设计要求。在设计中要对能够引发人的愉悦心情所涉及的表达内容进行研究，包括能够给人以视觉、触觉、嗅觉、听觉等各种感官刺激的各种元素，其中最为主要的是视觉元素。不同的色彩搭配、线条组合、材料质感都能够给人带来不同的审美心理感受。

现代社会每天都会出现新的知识、新的材料、新的施工工艺，用户对设计也会不断地有新的要求；另外，人类的精神关怀和审美要求也在细腻化，所以人性化设计应该落实在具体的细节设计上而不应该只停留在口号上。由此，尽管快题设计要求速度快、表现快，但是在概念和定位时必须留出相对充分的时间进行思考（图1–19）。

▲ 图1-19　文和友老虾城（吕律普　作品）

2.遵循生态化的设计原则

生态设计是20世纪初就已经出现的设计理念。人类经历了工业化之后，发现自己赖以生存的环境遭受了极大的破坏，才认识到在追求物质丰富的同时，不能以牺牲自然环境为代价，否则必将受到自然的严厉惩罚。据调查数据显示，目前室内污染的主要来源包含了装饰材料所释放的放射性污染，建筑材料包含的有毒污染物等，这些污染对于人的健康危害是慢性的、持久的，不容易引起重视。例如，建筑用料的砖块、水泥、涂料中会含有一定量的有毒物质，对人体具有一定的放射作用，成为人类致癌的原因之一。再比如，装饰材料中多含有挥发性的有毒化学物质，如化纤类地毯，家具使用的黏合类胶水，涂料、燃料、油漆中的有机化合物等都会释放大量的甲醛、甲苯等有毒物质，由于含量巨大又具有挥发性，也对人类有致癌的风险。

在室内快题设计中的生态化设计表达，将会给长期生活和工作在室内空间的人们带来更多的健康、绿色、环保的审美体验。现代化的建筑，越来越多地采用非原质、非传统的复合材料，而室内设计中所能选用的自然装饰材料也越来越少。特别是进入了微机时代装备的空间，更强化了“非自然"的机械化的人工创意和人造环境。于是人们开始呼唤室内空间环境“生态设计”“健康设计"的回归（图1-20）。

▲ 图1-20　室内设计中的生态化设计

生态设计的理念经过几十年来的发展，人们对其有了很多更深入的认识。而从室内快题设计的角度来讲，主要有以下几个方面。

1）创造适宜的物理环境

自然界的万物都离不开空气、阳光和水。在室内快题设计中，我们应该考虑如何科学合理地利用这些物理元素。例如，为使室内阳光充足，要注意建筑的开窗面积，多运用玻璃等材料；房屋朝向最好是南北通透，保证每个房间都有窗户是基本要求，做到空气对流通畅，以保持空气清新；在室内增加水景，不论是水体植物是还鱼缸或小型水景，都给空间添加灵动性与活力。在可持续设计理念的影响下，居住的室内和室外空间布局在面积比例、封闭性、关联性、功能性等方面会更加合理化；材料选择会更加节约和环保；室内色彩、灯光的选择会更加统一和谐化；噪声、垃圾等处理更加人性化；室内空气更加健康舒适，能源使用更加高效合理；等等，为室内设计创造更加适宜的物理环境（图1–21）。

▲ 图1–21　适宜的物理环境给人带来内心的宁静

2）将自然元素引入室内

在室内设计中积极引入自然景观如绿色植物、山石、水体等来装饰室内环境，不仅能美化环境、消除疲劳，带来精神上的愉悦，还能有效截留灰尘，净化室内空气，在自然环境中享受生活的美好。植物能吸收空气中的二氧化碳释放氧气，有些植物（如吊兰、绿萝、芦荟等）还能吸收甲醛，保持空气清新。这种室内绿化的方式，可以在室内环境中形成人工建造的生态循环设施，建立起一种绿色、无污染，有利于人类身体和心理健康的室内环境，不仅避免了大量使用装饰材料产生的有毒物质，还提高设计的整体生态性（图1–22）。

▲ 图1–22　巴西Ibirapuera公寓的露台种植墙（Casa14 Arquitetura设计）

通常，引入的自然元素可以分为直接引入自然景观和模仿自然景观（即间接引入）。直接引入自然景观是指在住宅的阳台、天台、入户花园等地方直接引入自然植物等，扩大室内绿化面积，改善室内生态环境（图1–23）。间接引入自然景观是指在室内利用仿生原理并使用自然材料模仿再现自然景观，从而达到美化室内环境的目的。图1–24所示为Bar Sá nchez的酒吧餐厅，室内四个仿生的组合型立柱连接着模块化的吊顶结构，犹如一片枝叶繁茂的森林和周围的真实绿叶融为一体，设计既整体又创意十足。由此可见间接引入自然景观越来越受到设计师们的热捧，也不失为我们学习的一个好方法。

▲ 图1–23　自然景观的直接引入

▲ 图1-24　Bar Sánchez的酒吧餐厅自然景观的间接引入（Plan:B Arquitectos设计）

将一些绿植放在室内一些角落中，与墙面空间和形状形成某一关系，可完善某项设计和为设计提供统一性，还会形成许多精致的节点小景，使室内空间趣味盎然。观赏性植物还可用于分割空间，许多公共建筑中功能分区特别明确，就是利用植物绿墙、盆花等方法巧妙地划分功能区。

3）选取节能环保材料

目前国内已逐步推广节能环保材料的使用，绿色环保装修材料的使用，在遵循功能性及经济性原则的基础上，尽可能使用耗能低、污染小的天然材料，避免使用有放射性污染的建材，从而减少有毒物质对人们身心健康的伤害。

创造一个室内空间生态环境所采用的装饰材料，这些材料在生产过程中对环境造成的破坏可能要远大于创造出来的“生态环境”。人们都知道，建筑空间的装饰装修是靠运用各种装饰材料来完成的，装饰材料以其特有的审美特性美化着不同的建筑空间，给人带来视觉的享受，但是，装饰材料选择不当，会给环境带来不同程度的污染，对人造成危害。这种危害一方面是装饰材料使用不当引起的，另一方面是装饰材料本身放射性和挥发性的有机物没有控制在环保系数之内所致。目前来看，建筑物的装饰装修已引起了许多“不良建筑物综合征”，应特别引起设计师的高度重视。传统的涂料、油漆含有大量的甲醛和甲苯，装修完成后的房间需要长时间通风去味，入住后也许味道散去，但是甲醛、甲苯等有害物质也会有少许残留。

在快题设计的材料选定中，一定要多采用环保、安全、健康的绿色材料，以保障室内空间使用者的身体健康。比如，在装饰材料的选择上运用原始的木材梁柱、粗糙的生态石材、翠绿的植物、圆滑的卵石、洗练的白砂、流动的水质、丝绵、藤类等天然装饰材料等，这些材料充满了淳朴自然、生态环保的美感。也可以选择一些废旧材料二次利用，避免造成资源浪费和加工污染。如利用旧建筑的木材和钢材，既节约又有怀旧风格，且美观实用。图1-25示所为ilil咖啡店，操作台与桌面的中间区域填满了砾石，装饰着鲜花和小树，这种来自大自然的原始材料，带来了更有趣的咖啡馆体验。沙发由带有缓冲坐垫的硬质混凝土制成，用木质装饰物代替窗帘，这种原始材料带来质朴、强烈的视觉冲击力，是其他材料比不上的。

▲ 图1-25 ilil咖啡店中的绿色材料带给人不一样的视觉效果（ATMOROUND设计）

4）与自然相融合的审美原则

生态室内环境设计作为室内设计发展的大方向，其讲究的是人与自然的和谐共处，从审美角度来讲，生态设计体现了人与自然的完美结合。如何在设计风格中体现人与自然融为一体的设计理念，需要当今的新型科学技术、新型材料、新型能源、新型制造工艺以及自然的设计风格共同完成。

人们对于室内设计的追求已经不只是停留在居住舒适的程度，还包含了个人审美的诉求、精神追求的表达。人们对生态室内设计的要求是表达人们的文化诉求和审美意境。随着生态文化的不断渗透，工业文明中的人类已经不再单一地追求奢华、气派等浮夸的设计风格，而正在逐渐恢复对自然的崇敬、对自然的向往，渴望与自然融合的心理观念。

在室内快题设计中，要尽量做到自然与人融合的审美并体现在设计的各个细节上。例如，采光方面，多选择光线充足，实现光影变换较为丰富的设计效果，这样的设计不仅可以使空间得到拓宽，还使得室内的设计与外部的自然环境有机结合；在色彩运用方面，也多采用自然色调，在装饰选择上多采用植物、生态景观、动态流水效果、巨石假山、花鸟鱼等自然“材料”，在人的视、听、嗅、触、味方面都可以感受设计中蕴含的自然理念，营造清新的自然风光，让人仿佛置身于大自然中（图1–26）。

▲ 图1–26　室内环境与自然和谐相融

3. 富有创新的设计原则

创新是快题设计富有生命力和艺术感染力的根本，也是评价设计作品是否优秀的重要指标。

继承与创新是人类社会发展的一个永恒的主题，没有继承就没有创新，创新应该是建立在学习、继承前人优秀成果基础之上的。五千年的中华文明给我们留下了一笔丰厚的文化遗产，在室内设计方面也同样有着丰富灿烂的优秀成果。继承前人对室内环境设计的优秀经验，能使我们在室内快题设计时，更好地体现设计文化的底蕴。但是一味地继承，设计就走进了死胡同。快题设计需要设计者勇于开拓，不拘泥于现有的设计形式的规律，敢于表达自己的设计语言和个性特色，避免千篇一律的设计现象。（图1-27、图1-28）

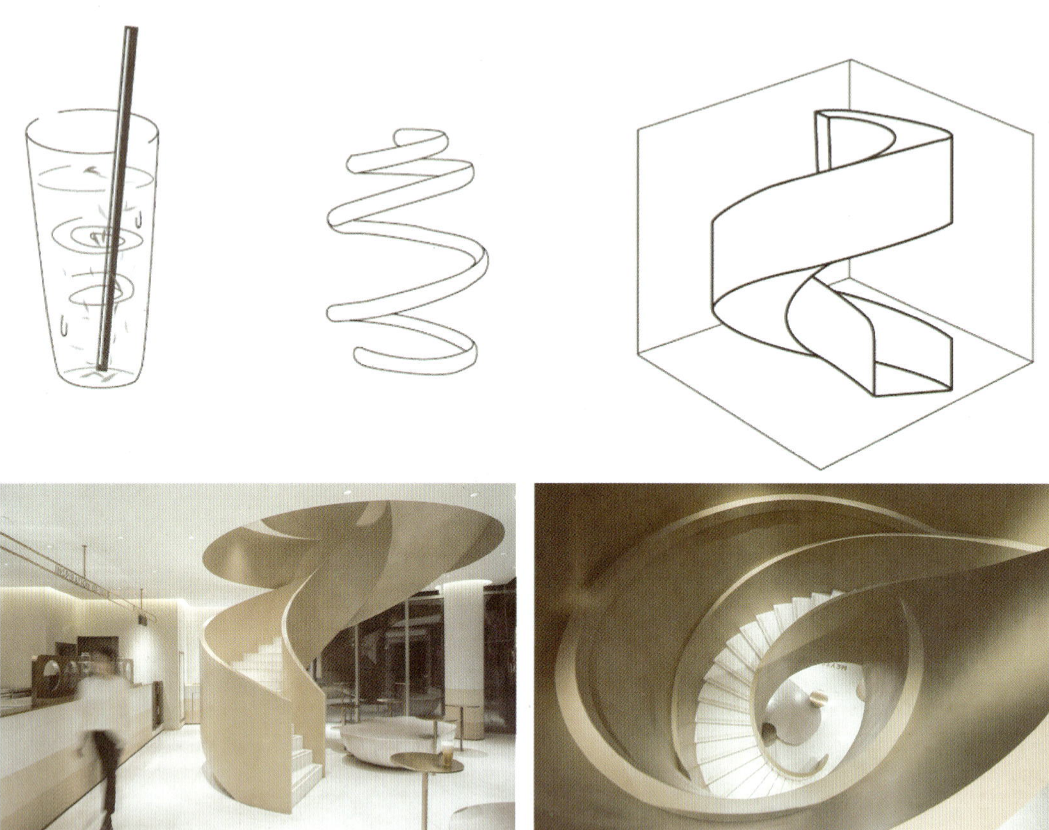

▲ 图1-27 创新的旋转楼梯成为空间中的主角

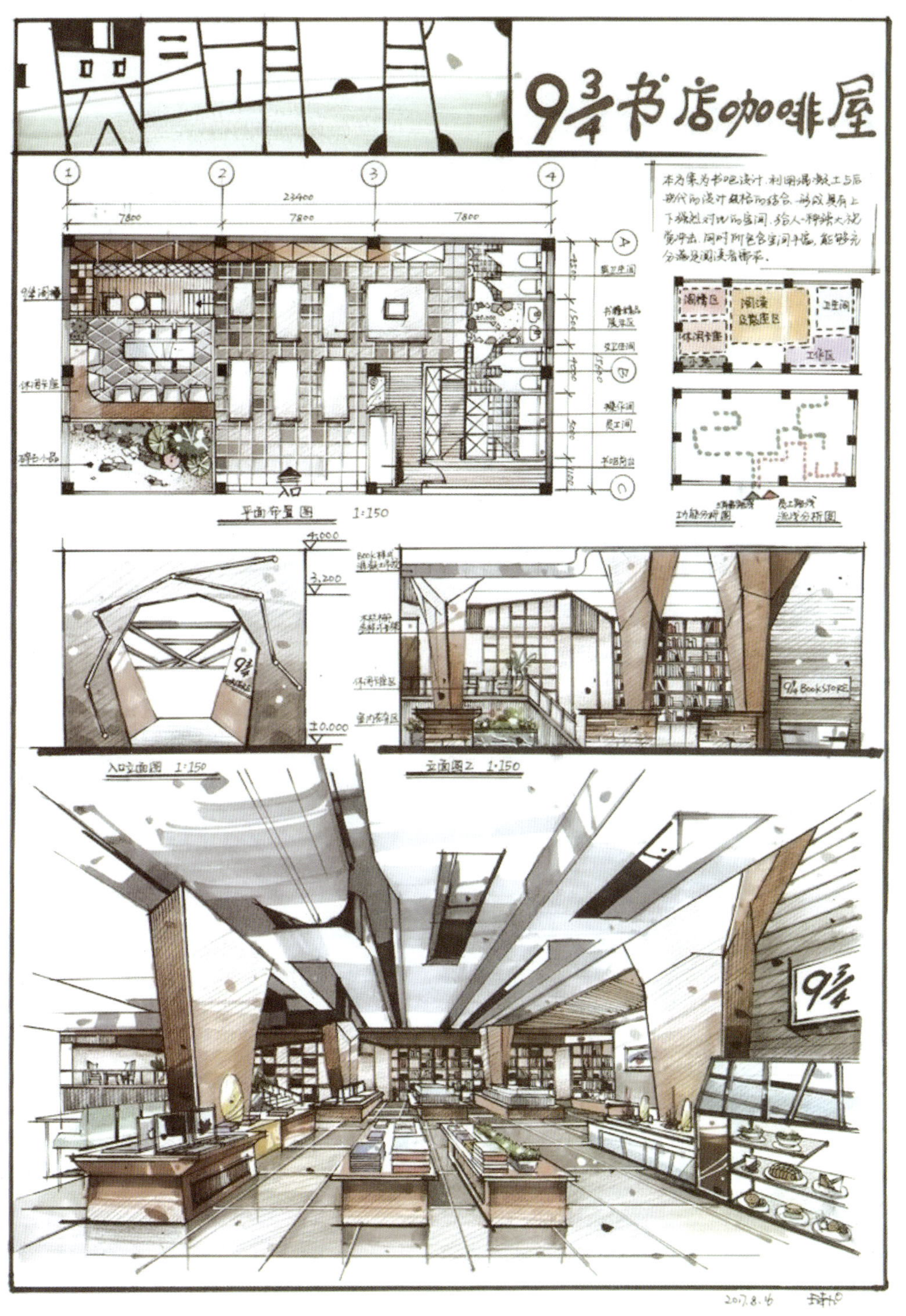

▲ 图1-28　书吧咖啡屋的创新设计方案（王诗旭　作品）

创新应该是全方位的。对室内快题设计来讲，新的形式与装饰是创新，营造新的生活方式也是创新。在设计中，任何一处能够给人的生活带来积极影响的新创造都具有一定的创新意义。创新设计还应该顺应时代发展，体现时代特色。当前，以人为本的设计理念、可持续发展思想、生态设计、低碳设计等时代主题，都应该是快题设计创新的主要方向（图1-29）。

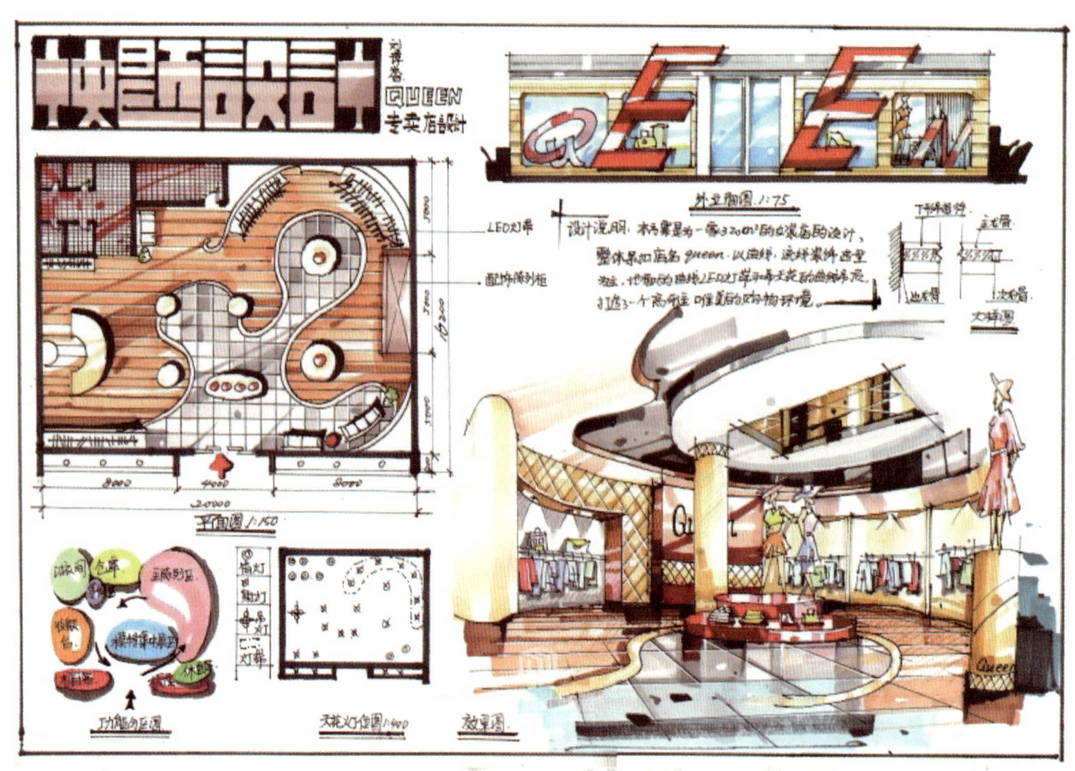

▲ 图1-29　专卖店空间的创新设计方案(刘谭誉　作品)

4.经济、安全、实用的设计原则

室内环境设计除以社会效益为主要目的外，还应秉承经济、安全、实用的原则。任何一个城市的人力、物力、财力都是有限的，如果无限制地增加成本投入，一味追求豪华气派，不仅不切实际，造成很大的浪费，甚至还会产生视觉污染。如室内植物配置时要多选用寿命长，生长速度中等，耐修剪的植物，还应尽量避免养护管理的费时费工、水分和肥料消耗过高、人工性过强等因素，以减少资金投入和管理费用。水景的设计一定要事先考虑其使用后的运营成本和维护费用，避免只注重视觉的形式美，追求高档次、豪华，而不顾工程的投资及日后的管理成本，这与生态设计背道而驰。

安全性是室内快题设计不容忽视的重要原则，没有安全性，室内设计的功能性和审美性就成为空谈。如室内界面和造型结构的牢固性能、所用材质的健康环保性能、与人接触的设施部位没有伤害和刺激性能等。总之，室内快题设计在考虑以上几个原则的基础上需节约成本、保证安全、方便管理，以最少的资金投入获得最大的社会效益和审美效应(图1-30)。

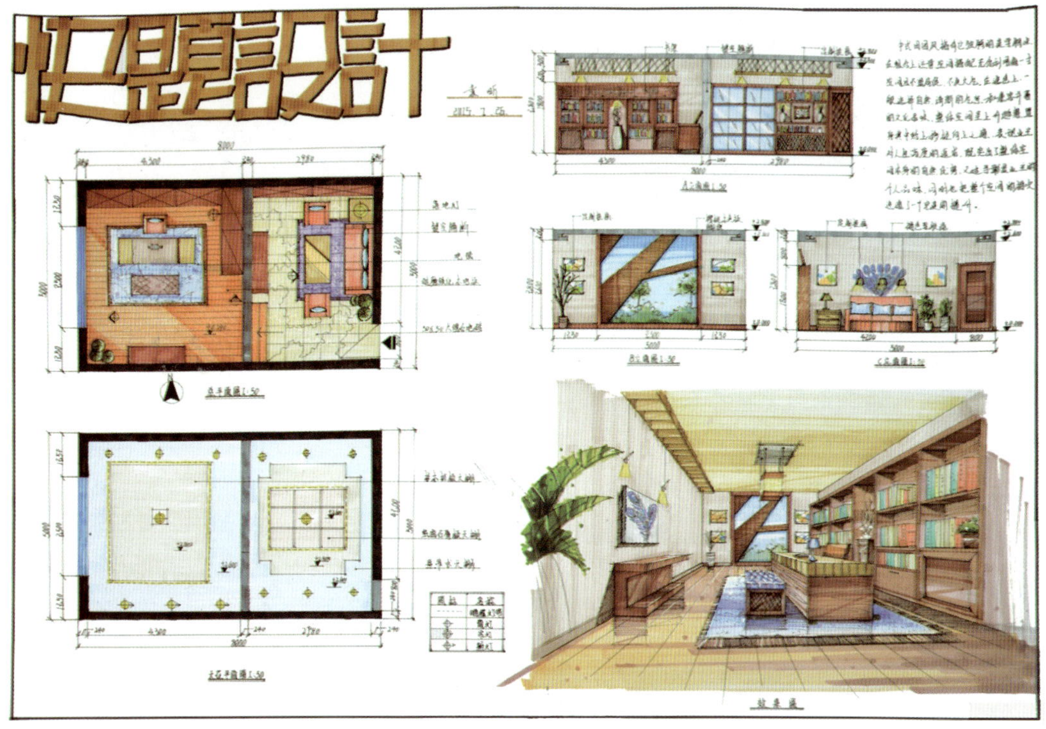

▲ 图1-30　经济、安全、实用的室内快题设计方案（袁昕　作品）

练习与思考

1. 什么是室内快题设计？
2. 室内快题设计的特征有哪些？
3. 简述室内快题设计的设计原则。

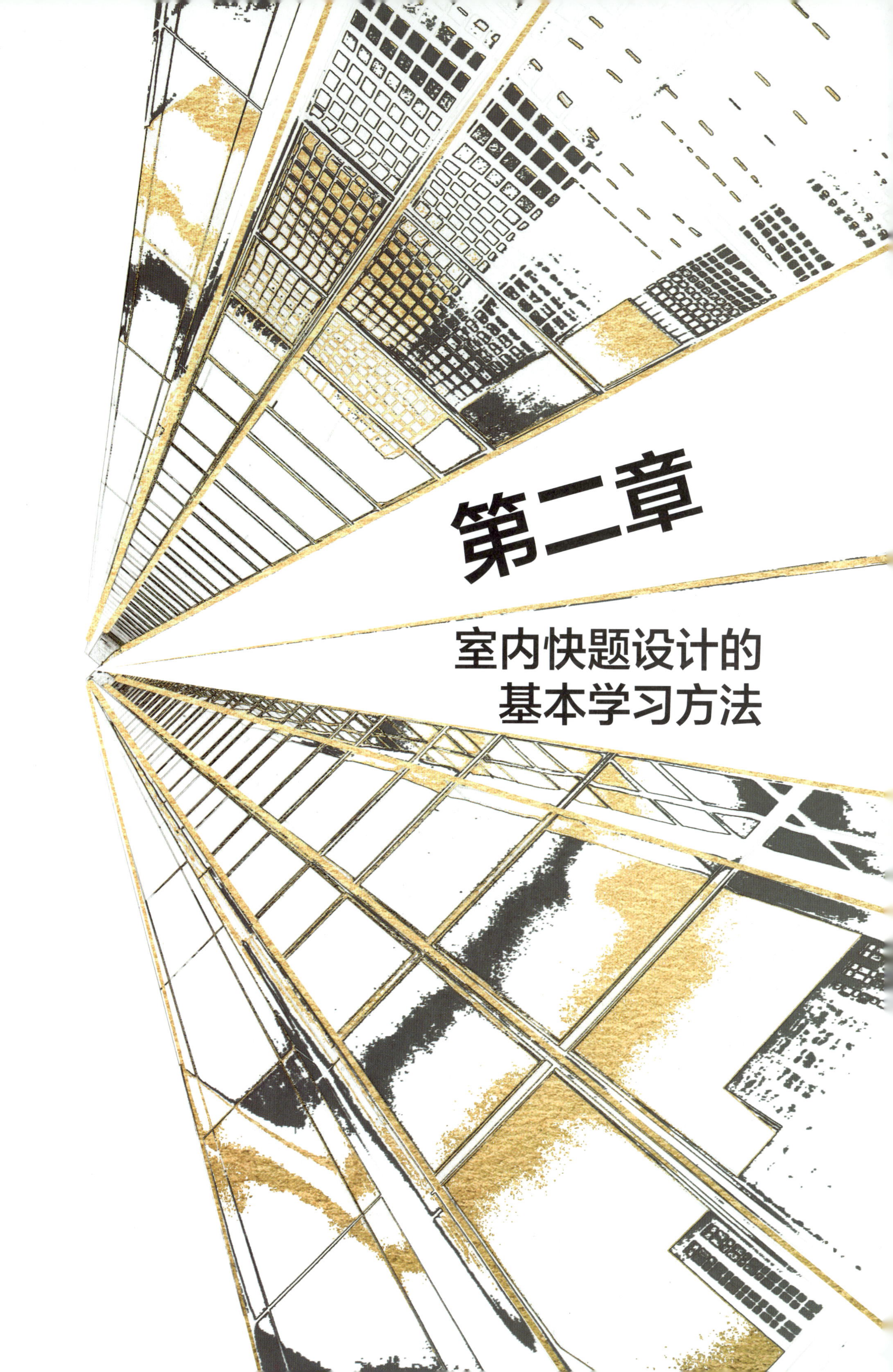

第二章

室内快题设计的基本学习方法

一套优秀的快题设计绝对不仅仅是表现美观的图纸而已，明确清晰的主题导向、独树一帜的设计理念、均衡合理的版面布局以及充满张力的效果表达，都可以使观者印象深刻。因此，一套优秀的快题是一种综合能力的体现。只有在学习之初就掌握好室内快题设计的基本学习方法，才能准确地向着目标前进。

本章知识点

详细介绍了室内快题设计的六个基本学习方法，对室内快题设计有更进一步的了解。

学习目标

掌握室内快题设计的基本学习方法，并且能熟练运用。

第一节 培养扎实的速写、素描与色彩的绘画功底

在快题设计的绘制过程中，方案初始，没有创作对象，只能根据设计要求、环境、功能、技术等因素来制约，依托丰富的空间想象力把它创作出来，这就要求我们具有一定的造型能力，而造型能力则是建立在扎实的速写、素描、色彩的绘画功底上的，这也是快题设计应具备的基础能力之一。只有在学习过程中不断地夯实绘画基础，才能创造出符合形式美的语言、能够打动审美主体的、符合审美特性的快题设计作品。同时，理想的空间形体并不是一蹴而就的，其过程充满了对“形”的不断推敲和完善。

1. 速写训练

速写训练是对学生表现能力、观察能力、综合思考能力的全面训练。在速写中对观察力的训练，不仅要训练眼睛看得准，还要训练在作画时有正确的观察方法。我们要画好速写，就要改变局部观察速写对象的习惯，要学会整体观察的方法，养成整体观察速写对象的各种造型结构关系的习惯。

我们知道快题设计中透视效果图要注意透视，比例关系等，速写写生训练对这方面的帮助很大，让大家在自然中去“找”线条，轻松又不刻意（图2-1）。

写生对初学者来讲，最难掌握的就是透视问题，有时一个场景不像室内一个透视点，并且视点在画幅内，而写生的场景灭点往往在画幅之外，甚至有多个灭点，没有参考的依据。故很多学生大的透视没什么问题，但忽略小的细节，甚至一个画面出现了多个视点，这也是应该注意的。如果透视不准，再怎么深入刻画也没什么意义，刻画得越详细问题暴露得越明显。开始学习速写写生，可以先练习大的透视关系，然后再慢慢地深入画面效果。

▲ 图2-1　速写训练对熟练线条和理解透视有很大帮助

2. 素描训练

素描训练的根本任务是捕捉不同表现对象的特征和物体个性的差异，是一种用线和面来表达对象的方式。每一个物体在光照下都会产生明暗关系，从最深到最亮依次是明暗交界线、投影、灰部、反光和亮部。

素描最大的作用就是通过明暗关系对空间形体、结构的塑造，通过黑、白、灰的不同层次画出体积感。素描大致可分为明暗素描（图2–2）和结构素描（图2–3）。结构素描主要解决的是物体的形体结构，明暗素描主要解决的是形体空间，也就是说，我们在表现图中对形体结构与空间的表达，要利用素描关系来完成，而且需要与透视结合在一起。明暗素描是用来塑造形体空间的，包括物体的黑、白、灰的明暗关系（素描关系），以及它的明暗变化（明暗的渐变在表现图中我们叫它为“明度退晕”）。在表现图中如果缺少素描关系，那么就会造成画面平淡而不够结实饱满。大家知道在一张成功的绘画作品（彩色）中，它不仅有丰富的色彩，而且还具有严谨的素描关系。用来表现空间的效果图更是如此。所以在开始掌握表现图的初级阶段，特别有必要进行表现图的单色训练，逐步形成对表现图的空间表现（图2–4）。

可根据下面条件来确定空间的素描关系：

（1）物体本身的形体与结构。

（2）物体相对光源所处的位置：受光面为白，顺光面为灰，背光面为黑。在同一个面

上，离光源越近的地方越亮，反之则越暗，由此产生了明度的变化。

我们要表现的内容，大到一个小区规划，小到一个室内空间、一件家具，都由素描关系及明暗变化将它的形体刻画出来。所以，在表现的过程中，上色的同时千万不要忽略了形体的塑造。

▲ 图2-2　明暗素描

▲ 图2-3　结构素描

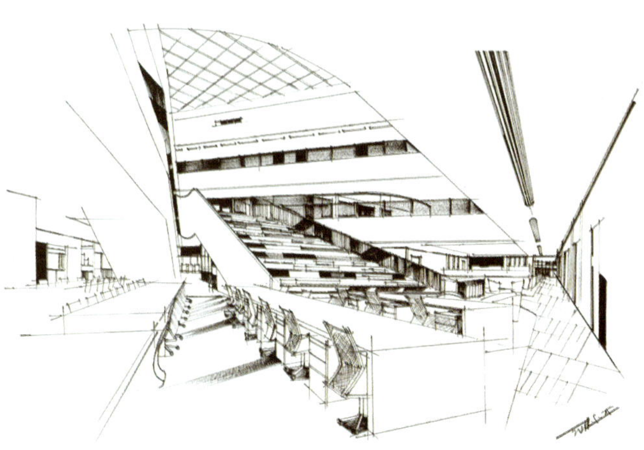
▲ 图2-4　快题表现中的素描关系（邹定宇　作品）

总的来讲，素描是训练观察能力、分析能力、理解能力、表现能力、造型能力的一种传统的方法，长期有效的素面训练能够极大地提高我们的造型能力、结构分析能力以及对物体体积感的把握，为快题设计中效果图的表达打下了扎实的基础。作为设计专业的素描偏重表现对象结构和分析对象组合素因，并能较好地、快速准确地表现对象的形体特征，用以线条为主、阴影为辅来表现对象似乎是一种便捷有效的方法（图2-5、图2-6）。

▲ 图2-5　建筑表现中的素描关系

▲ 图2-6　室内表现中的素描关系（邹定宇　作品）

3. 色彩训练

色彩是一种涉及光、物与视觉的综合现象。色彩是通过眼、脑和人们的生活经验所产生的一种对光的视觉效应。人对颜色的感觉不仅仅由光的物理性质所决定，还有很大一部分往往受到周围颜色的影响。人类对色彩的认识与应用是通过发现差异，并寻找它们彼此的内在联系来实现的。色彩在现实生活中是变化多端的，光的强弱会使同一物体展现不同的色彩。不同的光线也会使同一物体的色相发生变化。不同的物体会有不同的色彩倾向，因此经常进行色彩写生训练可以帮助我们增强对色彩的感知能力。

要求大家学习色彩的基本知识，光与色彩的关系以及进行专业的色彩训练，以此来达到环境艺术设计专业对色彩的基本要求。

经过专业的色彩训练，大家对色彩不论是物理特性还是化学特性都有了较全面的了解，各种颜色搭配也得心应手，这对于室内快题设计课程而言，又攻克了其中一个较大的学习难题。需要注意的是：绘画注重的是色彩本身的微妙变化，多是主观强调个人的“情感”色彩；而快题设计中的表现图则是把色彩纳入了人文和心理的范畴，增强设计师对空间的感觉，多是客观的去搭配和选择色彩。经常需要表现的地方：空间形体的背光面、暗部，空间较深远的部分，物体的质感表现、灯光效果、色彩的表现，物体的投影、倒影及高光部分，需要特殊说明有代表性的精彩部分。在色彩关系上，力争达到色相协调。要适当考虑色彩的明度、纯度、色相、冷暖的变化。这就需要进行色彩上的设计，从而形成一个和谐的色彩环境。这方面的能力来源：一是色彩理论方面的知识，它主要是通过色彩构成的理论来提高色彩设计；二是实践方面的积累，通过长期的色彩写生训练对色彩有所感悟，这里需要理论与实践结合（图2–7）。

▲ 图2–7　空间的色彩效果图表现（邹定宇　作品）

第二节 线条的训练

很多人认为线条练习枯燥乏味，没有什么必要，这主要是还没认识到线条的重要性。尤其是初学者，要想快速提高手绘水平，线条的练习必不可少。一幅快题表现作品中，线稿就是整幅作品的骨架，没有好的线稿，即使再好的色彩也无法掩盖它的缺点。无论是手绘单体还是小的空间、大的场景，简单的还是复杂的，都是由最基本的线条组成的，画面氛围的控制与不同的线条画法有着紧密的联系。线条的疏密、倾斜方向的变化，不同线条的结合，运笔的急缓都会产生不同的画面效果。

在初学时可先从单个物体入手，画好每一个单体，然后再进行整幅作品的线稿训练。除自己练习外，还要大量看书，学习别人好的东西并予以总结。最好做些笔记来加强对表现技法的理解（图2-8）。

▲ 图2-8　线条的一些训练

在快题设计中肯定、流畅的线条会直接影响画面的整体效果。小曲大直的线条注意起笔和顿笔，曲度不要太夸张，线条流畅，越自然越好，我们都知道“自然”是最美的！有的时候可以甩开笔去画大的波浪线来感受曲线，训练这种曲度，最终做到小曲大直。纸张放正不要放在身体正前方，放在右上位置，手腕放松，手臂自然落下像写字一样，怎么舒服怎么来。手绘时要注意线条在画面中虚实曲直的对比关系，适度合理的丰富画面，控制好画面节奏，避免线条画得过于呆板。

1.直线

画直线要做到流畅、快速、清新。下笔肯定有力是画好直线的重要条件。很多同学都在疑惑如何才能把直线画直。首先，握笔姿势及运笔方向都有一定的要求。握笔时笔不要握得太靠近笔尖，手指与笔尖保留大概5cm的距离(图2-9)。运笔时，手腕不能随意转动，应处于个持状态，笔尖与所画直线成90°角，以小拇指为稳定点，以肩为纳水平移动手臂，这样就可以画出相对较直的线条。画直线时尽量保持坐姿端正，把纸放正，眼睛与图纸保持一定的距离（图2-10）。

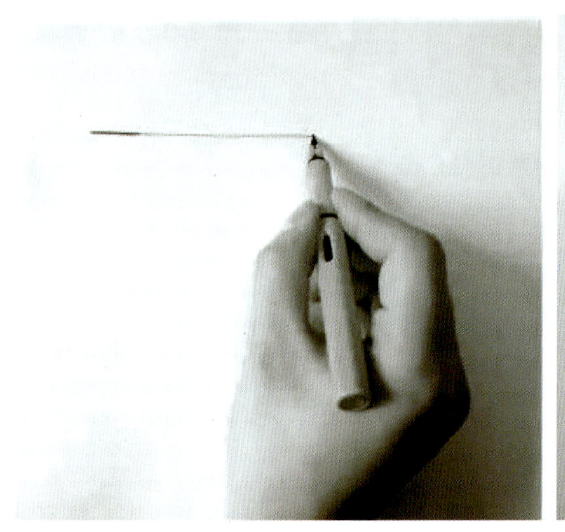

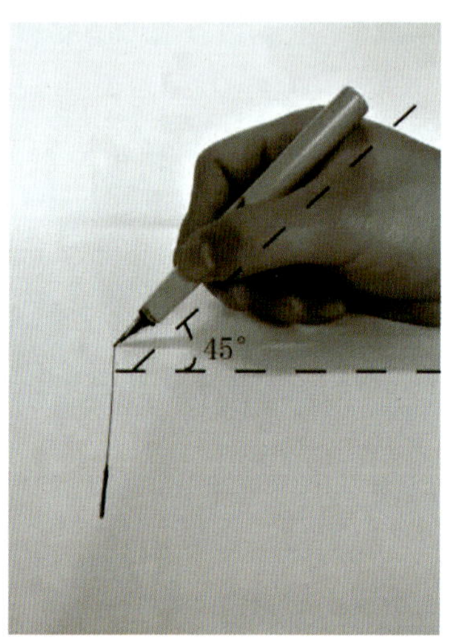

▲ 图2-9　画直线的正确握笔方式

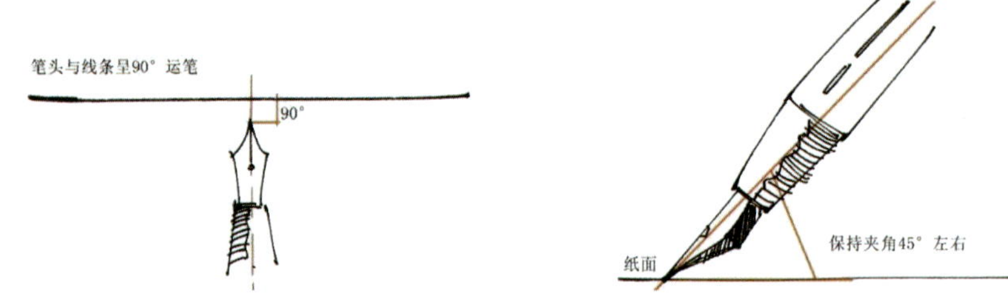

▲ 图2-10　画直线的握笔正确角度

1）快直线

快直线讲究起笔、运笔、收笔。起笔要快，运笔要肯定，收笔要稳，起笔、运笔、收笔保证在一条直线上，直线两端要有明显的加粗端点，使得线条苍劲有力、肯定大气。起笔时小回笔，注意起笔要稳。行笔时注意线条挺度，要快速果断，忌讳犹豫不肯定，收笔时约提前1cm准备停，停笔也要准确不拖拉（图2-11）。

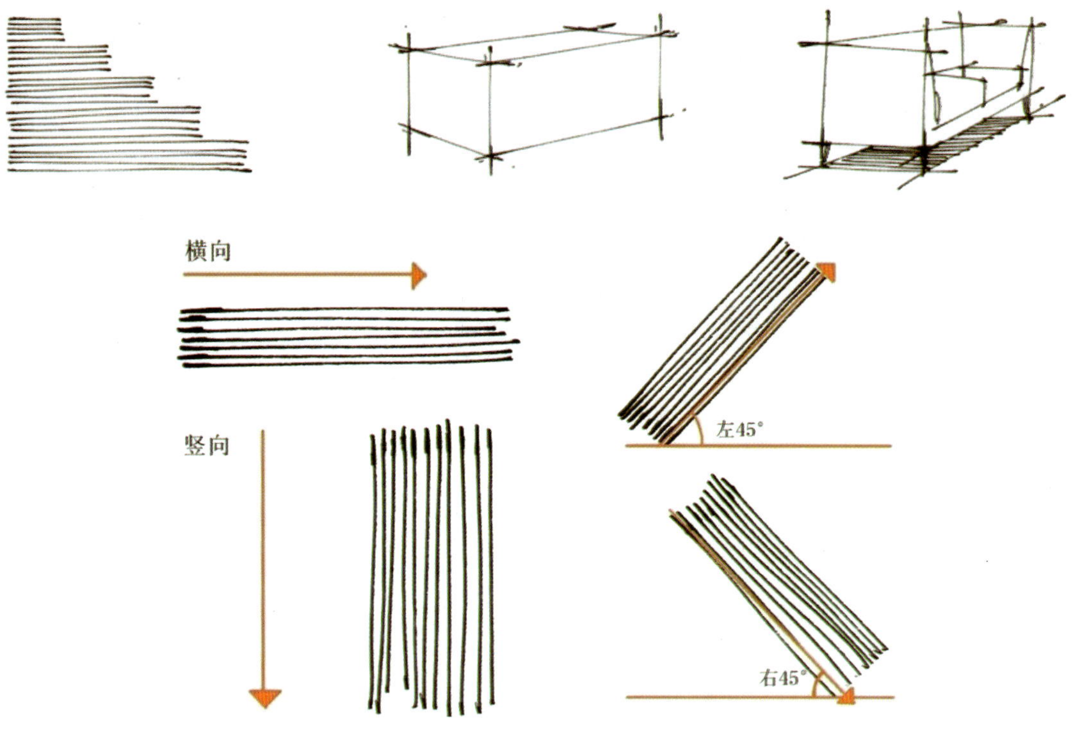

▲ 图2-11　快直线的训练方法

2）抖线

练习时线条要与笔平行拖动即可，手指可以自然放松，抖动频率不宜过大过碎，注意大直小曲，线条要快速流畅，画出的线条轻松自然不紧张。抖线同样可以追寻起笔、运笔、收笔。起笔也可回笔，运笔要慢匀称，收笔要稳（图2-12）。

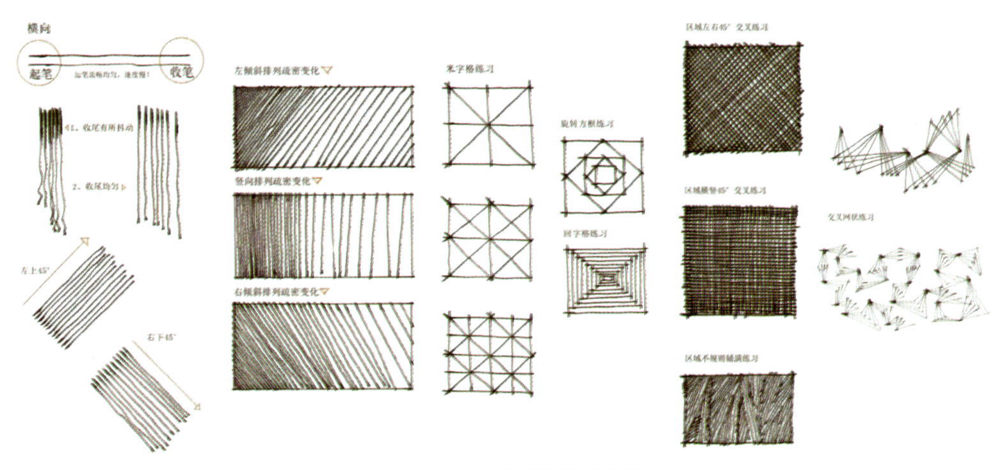

▲ 图2-12　抖线的训练方法

2. 折线

折线的训练方法如图2-13所示。

▲ 图2-13　折线的训练方法

3. 常见平面图、立面图尺寸比例控制

绘制前应对室内设计尺寸有所熟悉和掌握，结合尺寸线的尺度比例，精准表现。通过一些训练，可以加强大家的尺度概念，力求做到比例正确（图2-14）。

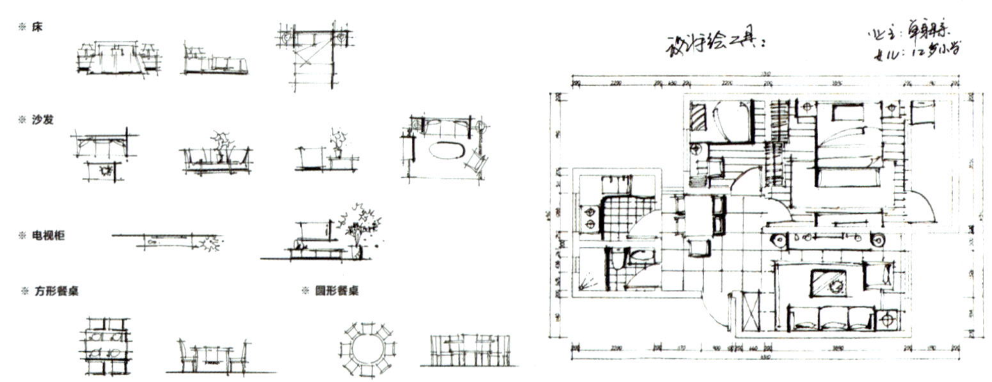

▲ 图2-14　常见平面图、立面图尺寸比例绘制（合一设计　作品）

4. 常见室内家具的绘制

室内家具因风格不同，形体千变万化，但再复杂的形体都离不开初始方体的骨架，在骨架结构准确的基础上加以材质细化即可。绘制家具时空间想象力尤为重要，初学者要充分理解结构，在日常练习中可以观察一把椅子的正面画出3/4侧面，观察椅子的侧面画出俯视图，观察俯视图画出仰视图。用图形加联想的方法锻炼空间想象力，能帮助理解结构，从而掌握透视在设计中的运用（图2-15）。

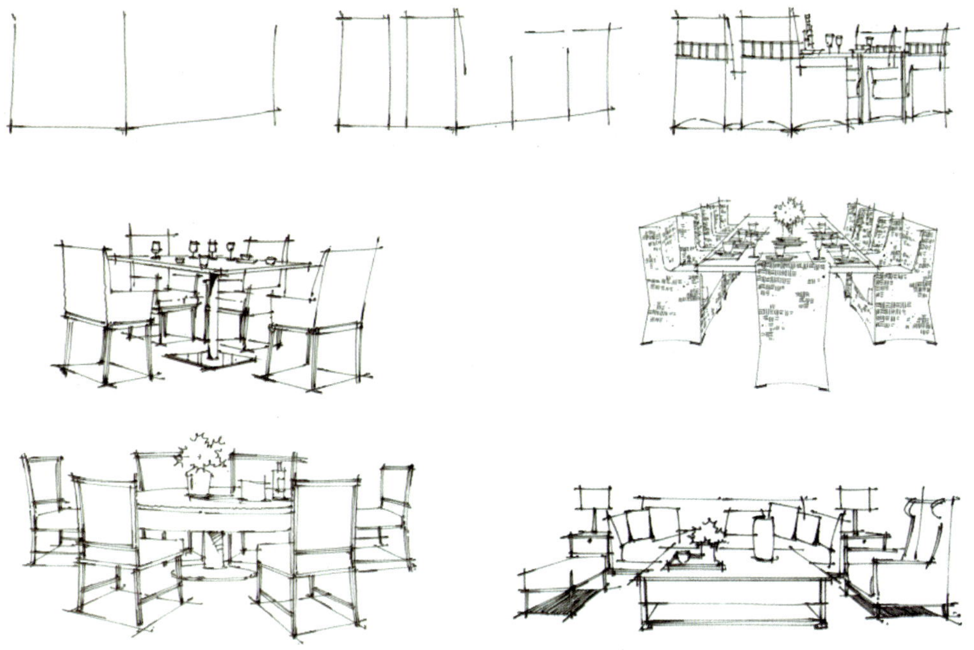

▲ 图2-15 常见组合家具的绘制方法（合一设计 作品）

5. 室内透视效果图线稿绘制

室内手绘效果图线稿步骤：

（1）观察画面线稿，明确视平线，确定物体的位置，构出空间整体框架。

（2）根据视平线和消失点的位置，开始绘制主要家具物体的框架，注意构图。

（3）主要的物体框架完成之后，开始着手绘制吊顶以及地面铺装。

（4）深入塑造阶段，注意整体构图，注意材料的肌理表达和细致刻画，整体构图的框架布置完成后，次针管笔的细致刻画和升入。

（5）注意线条本身的特点，空间的近实远虚尤为重要，通过线条的疏密表达，增加空间的整体感和空间感。最后收尾，调整细节，可采用黑色马克笔收边，使整个画面显得更为丰富，同时也有助于物体的本身材质更深层次的表现（图2-16）。

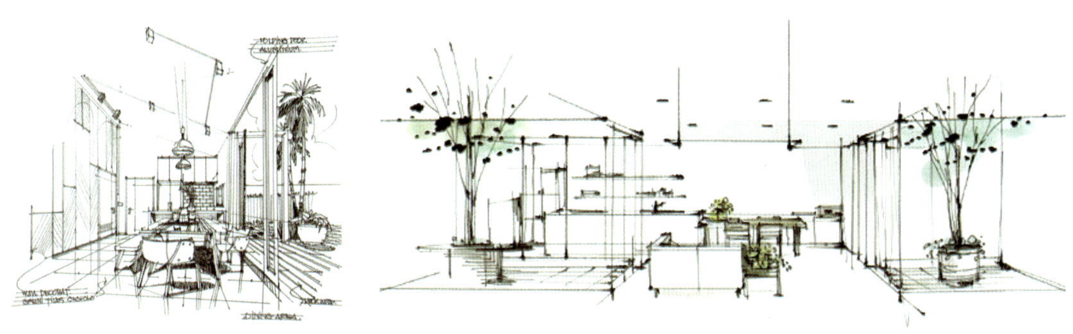

▲ 图2-16 室内透视效果图线稿的表达

第三节 熟练掌握透视原理与作图方法

准确的透视是效果图绘制成功的前提。设计者的构思和立意都是通过效果图来表达的，而物体在画面中的大小、比例、位置都是建立在科学的透视基础之上的。若没有准确的透视关系作为支撑，就违背了人的视觉平衡，画面就会失真，也就无所谓美感了，所以透视的学习是必不可少的。掌握了透视的规律，并将其运用到绘图中，就会使画面比例准确，结构严谨稳定。除了对透视知识的熟练掌握和运用外，还要学会用结构分析的方法来设计和组合不同的形体。在训练中常常可以用速写的方式来练习。长时间的练习会取得意想不到的效果。有了好的空间透视关系来架构图面，一张快题设计的手绘效果图似乎也就成功了一半。

人眼所在的位置称为“视点”，人眼向前看的面称为“画面”，人眼向前看落在画面上的消失点称为“灭点”，灭点左右平移产生的水平线称为“视平线”，画面底边线称为“基线”，视平线上任意一点与基线之间的距离称为“视高”，灭点到人眼之间的距离称为“视距”（图2–17）。

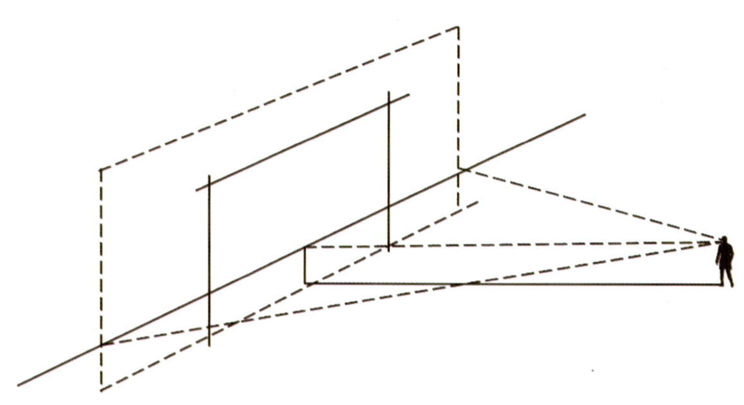

▲ 图2–17　一点透视（学生：赵恺源　指导老师：黄佳）

1. 一点透视

一点透视又称“平行透视”，只有一个小消失点，一点透视的规律：凡与画面垂直的线均发生透视变化，其延长的线集中消失于一点；凡与画面平行的面和线只会发生近大远小的变化而不会消失。平行透视的特点是空间大、平稳严谨、纵深感较强，应用广泛。

根据一点透视原理练习画一些简单的正方形和一些简单的家具，在练习当中需要注意每个物体只有一个消失点（图2–18）。经过几次训练后能熟练掌握徒手找到消失点，这对后面徒手画空间有较大的帮助。

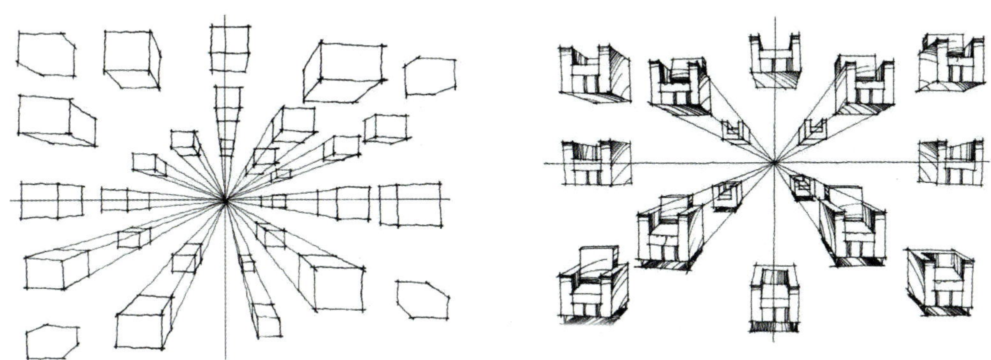

▲ 图2–18　一点透视的透视规律

1）一点透视作图要点

图2–19所示为第一张图的人物关系为女生高度1 600 mm，小孩高度800 mm。第二张图的人物关系，男生高度1 700 mm，小孩高度800 mm。小孩的头顶都在视平线上，所有的高度都从墙面上找关系。人在空间中所站的位置不同那么视点（S）也就不同。人物也是近大远小，小孩的高度正好是800 mm，也就是头顶正好在视平线上。那么你想要在1S上找任何尺寸都要通过视平线的高度去找，包括以后的家具（图2–19）。

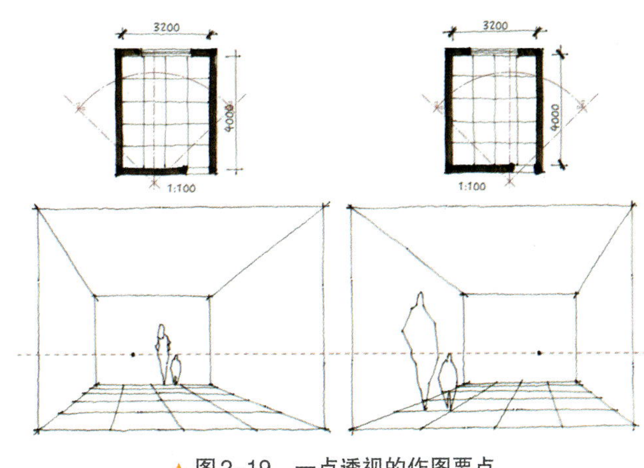

▲ 图2–19　一点透视的作图要点

2）室内一点透视作图步骤

图2–20为一幅客厅平面图，已知客厅顶高为3 m，窗高1.8 m，要求据此画出其相应的室内平行透视图。

（1）先按室内的实际比例尺寸（4 000 mm × 3 000 mm）确定ABCD。

（2）确定视高*H*. *L*，一般设在1.5~1.7 m。

（3）灭点*VP*及*M*点（量点）可根据画面的构图任意定。

（4）从*M*点引到*A*~*D*的尺寸格的连线，将*A*~*D*（4 000 mm）等分为4份，并延长1份（对应5 000 mm的进深），每份1 000 mm。在*A*~*a*的交点为进深点，作垂线（图2–21）。

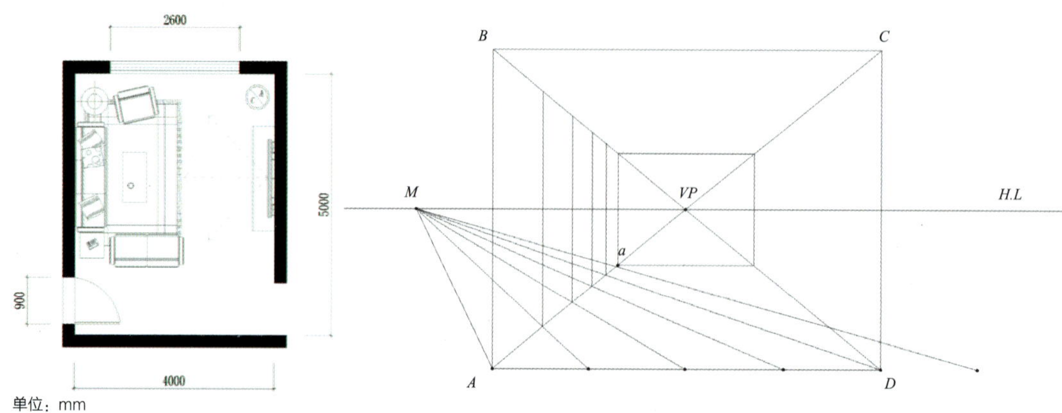

▲ 图2-20　客厅平面图（学生：赵恺源　指导老师：黄佳）

▲ 图2-21　一点透视步骤图一（学生：赵恺源　指导老师：黄佳）

（5）将VP与墙壁天井的尺寸分割线进行连接。

（6）根据平行法的原理求出透视方格（图2-22）。

（7）在透视方格的基础上画出平面透视图（图2-23）。

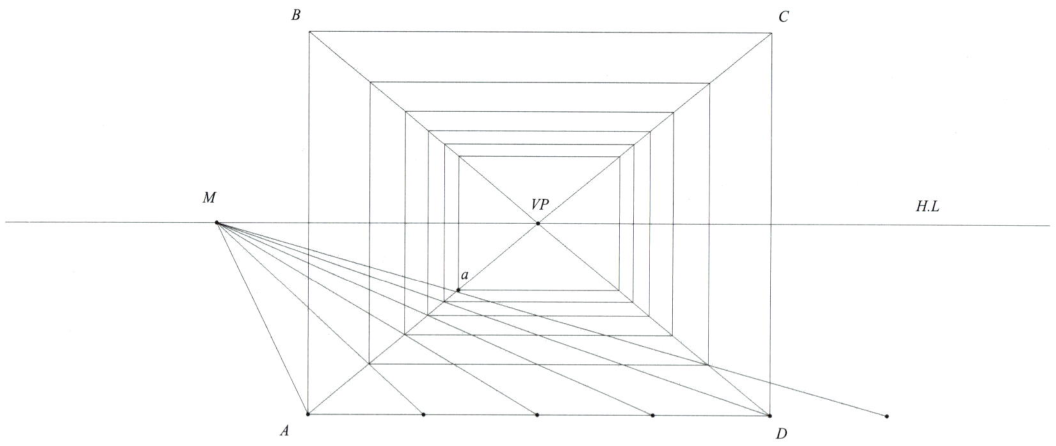

▲ 图2-22　一点透视步骤图二（学生：赵恺源　指导老师：黄佳）

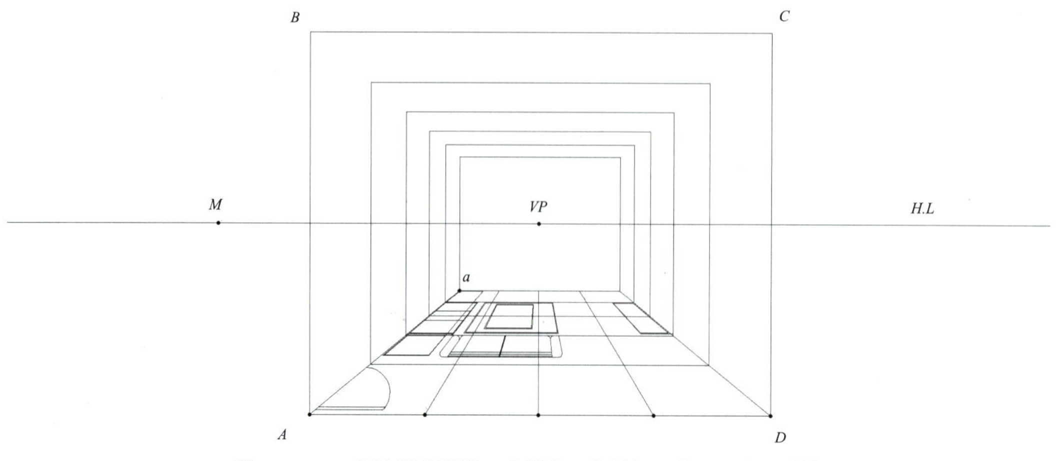

▲ 图2-23　一点透视步骤图三（学生：赵恺源　指导老师：黄佳）

（8）在平面透视的边角点上作垂线，量出实际高度，横向平行连接，进深向灭点连接（图2-24）。

（9）完成室内透视（图2-25）。

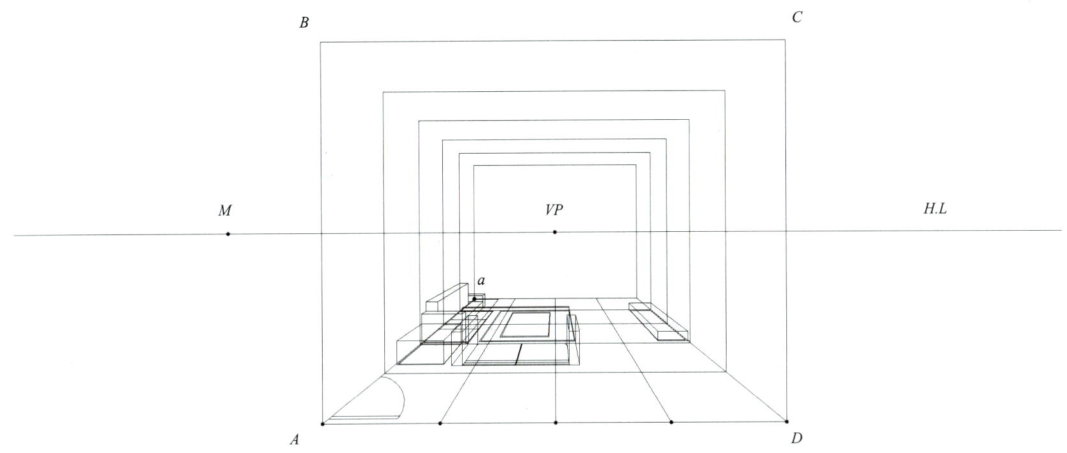

▲ 图2-24　一点透视步骤图四（学生：赵恺源　指导老师：黄佳）

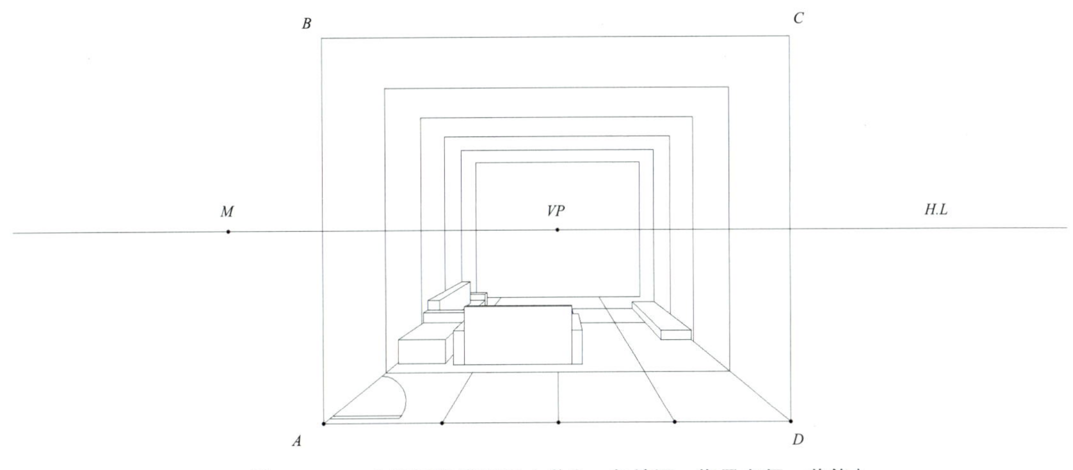

▲ 图2-25　一点透视步骤图五（学生：赵恺源　指导老师：黄佳）

2. 两点透视

两点透视，有两个消失点，又称“成角透视”。两点透视的规律：凡与画面成角度的线均消失于左右两边的消失点，所成角度的大小直接影响左、右消失点的远近。两点透视的空间表现特点：灵活、自由、生动，常用于表现局部空间或小的场景，绘制起来比一点透视复杂。在两点透视中，如果视点太近容易出现透视失真变形的问题。（图2-26、图2-27）

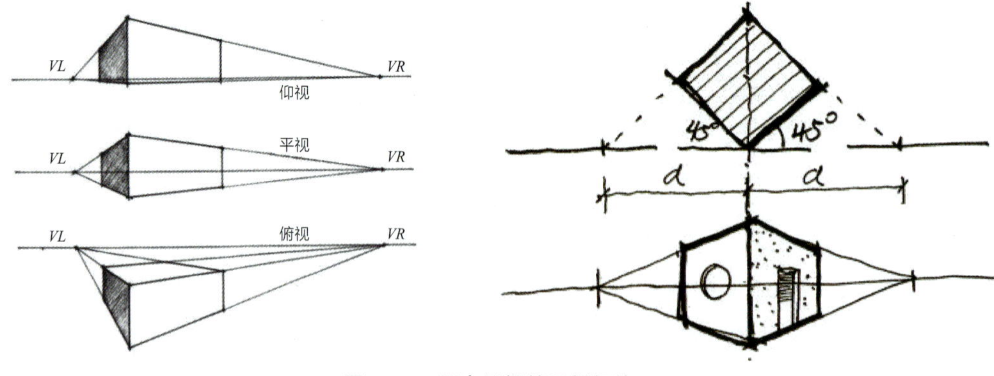

▲ 图2-26　两点透视的透视规律

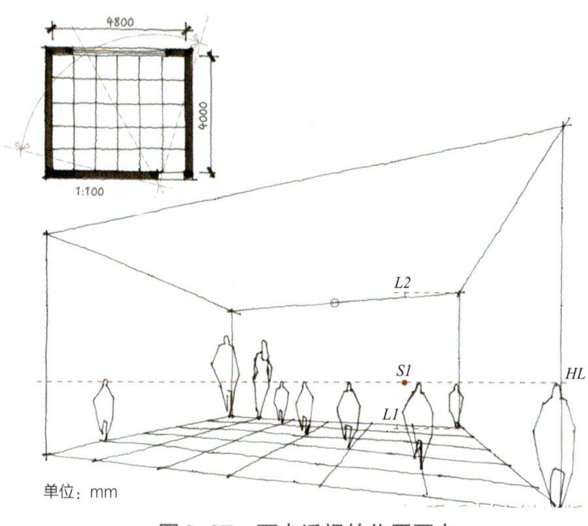

▲ 图2-27　两点透视的作图要点

完成室内两点透视图，步骤如下：

（1）绘出墙角线*AB*，高度为3 m，兼作量高线。

（2）*AB*间选定视高*H*．*L*，过*B*作水平的辅助线*G*．*L*。

（3）在*H*．*L*上确定灭点*V*1、*V*2，画出墙边线。

（4）以*V*1、*V*2为直径画半圆，在半圆上确定视点*E*。

（5）根据*E*点，分别以*V*1、*V*2为圆心求出*M*1、*M*2量点（图2–28）。

（6）在*G*．*L*上，根据*AB*的尺寸，按比例画出以1000 mm为单位的等分，左边4000 mm，右边5000 mm。

（7）*M*1、*M*2分别与等分点连接，求出地面、墙柱等分点。

（8）各等分点分别与*V*1、*V*2连接，求出透视方格。注意，离墙角线*AB*较远的区域易产生变形。因此，不宜表现近景（图2–29）。

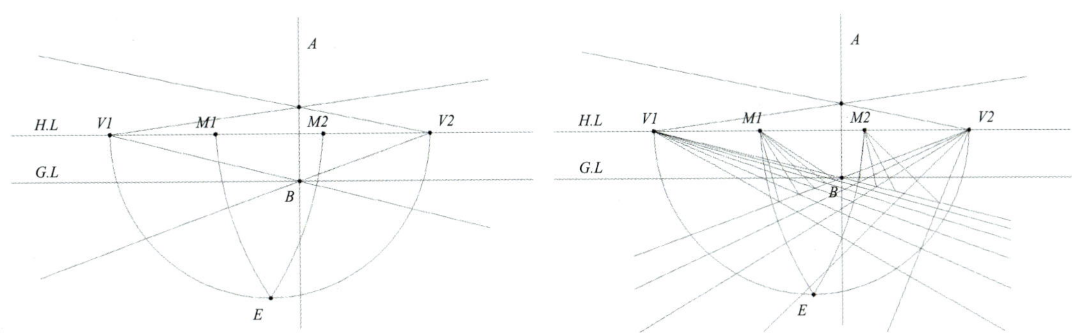

▲ 图2-28 两点透视步骤图一（学生：赵恺源 指导老师：黄佳）

▲ 图2-29 两点透视步骤图二（学生：赵恺源 指导老师：黄佳）

（9）在透视方格的基础上画出平面布置透视图（图2-30）。

（10）在平面透视的边角点上作垂线，量出实际高度，分别与$V1$、$V2$连接（图2-31）。

（11）完成室内透视（图2-32）。

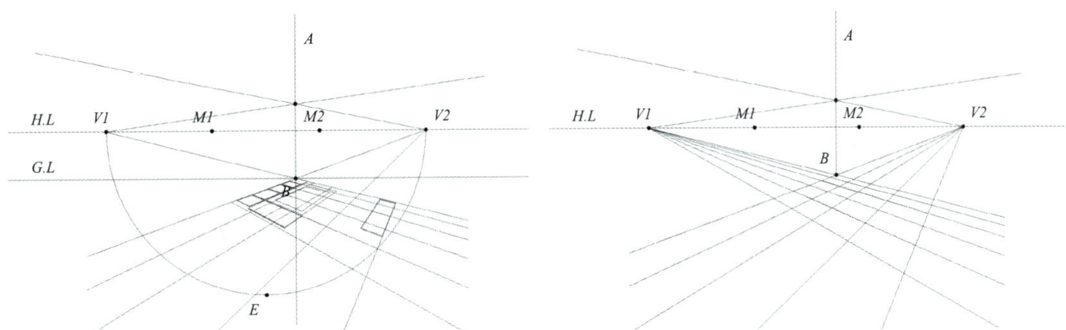

▲ 图2-30 两点透视步骤图三（学生：赵恺源 指导老师：黄佳）

▲ 图2-31 两点透视步骤图四（学生：赵恺源 指导老师：黄佳）

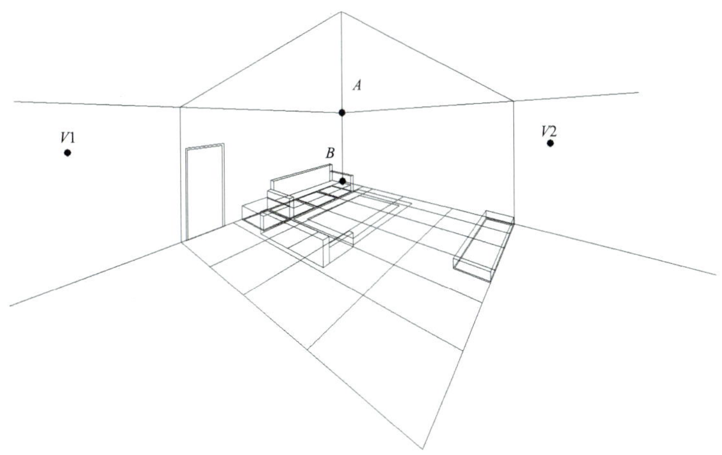

▲ 图2-32 两点透视步骤图五（学生：赵恺源 指导老师：黄佳）

3.空间速写及构图

在快题设计中，没有太多的时间制作正规的透视图，所以需要找到一种既快速又准确的经验式的作图方式。常用的透视法主要以一点透视、一点斜透视、两点透视为主。要画好一张徒手表现图，首先要“搭建”好一个具有“美构架”的空间，犹如摄影师一样，要想很好地去表现对象，首先要给予对象一个完美的存在空间，同时也要选择好表现的角度与构图。

空间速写主要针对空间的结构线条以及透视做快速的练习，培养经验式的作图方式。在手绘练习空间速写时不宜画得过大（手心大小即可），注意空间尺度控制，运用简练、快速的线条表现空间结构，在练习中寻找合适的构图方法，加深透视关系的认知（图2-33~图2-35）。

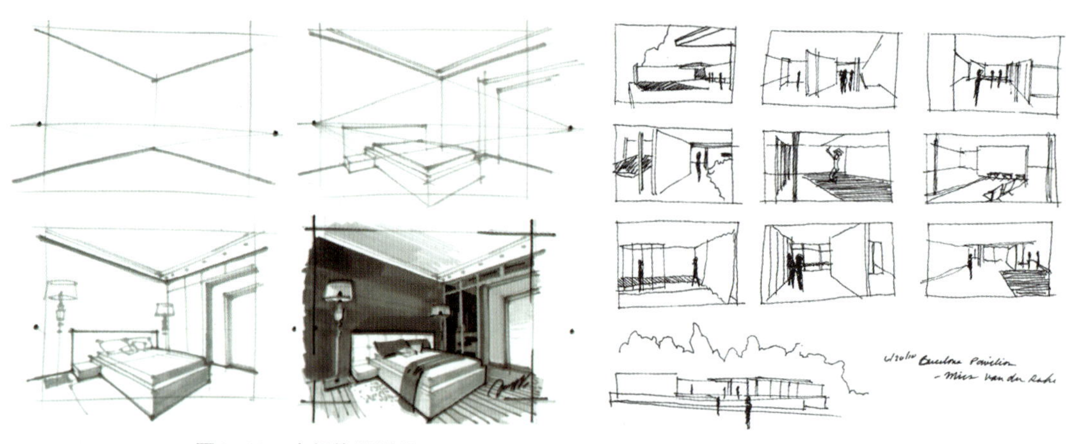

▲ 图2-33　空间构图训练

▲ 图2-34　空间速写训练

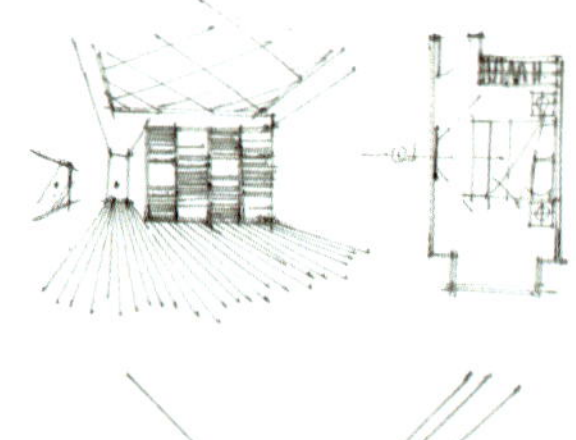
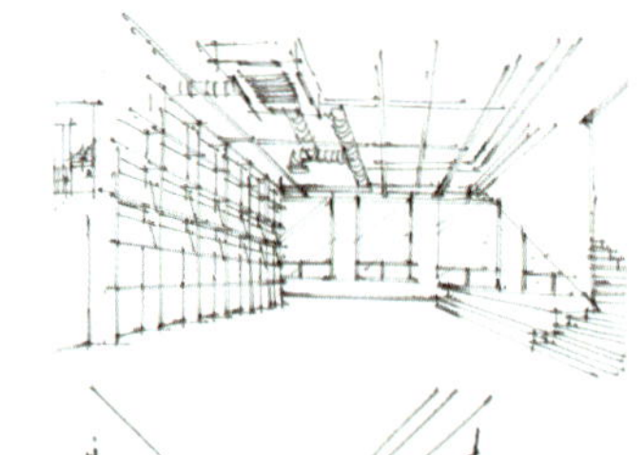
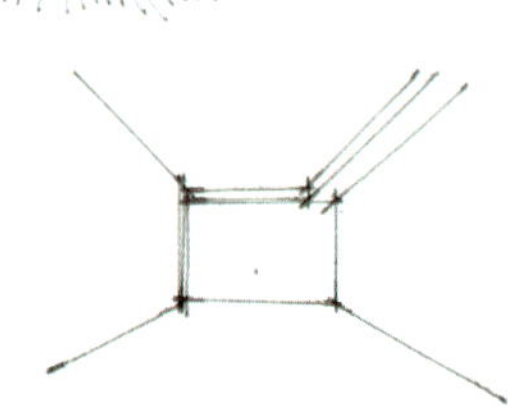
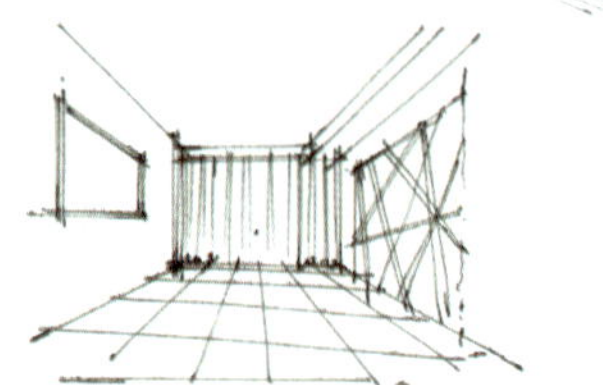
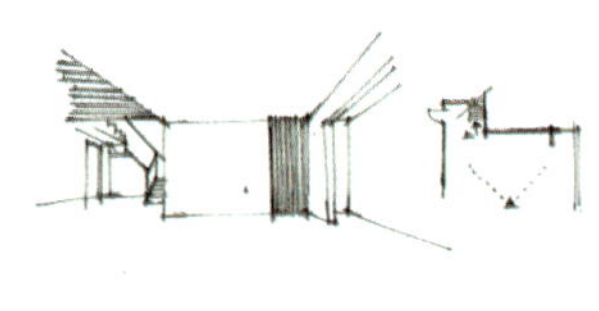
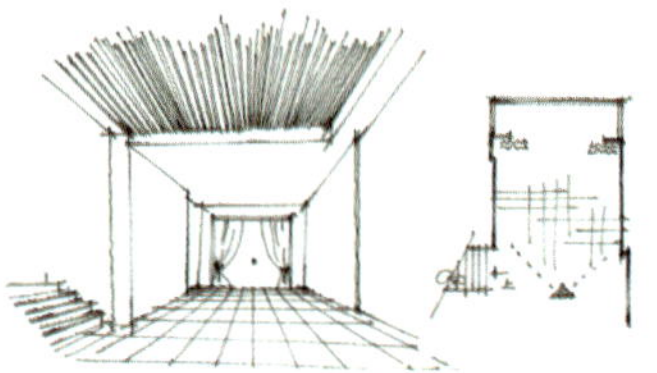

▲ 图2-35　室内卧室透视表现草图（杜健）

第四节 长期的手绘效果图空间环境表现训练

1. 手绘效果图的练习过程

除了前面我们讲到的三种学习方法外，我们还需要进行长期的手绘效果图表达的训练，而这个训练包含三个阶段的练习过程：

1）手绘临摹阶段（静态写生）

在手绘学习过程中，经常应用且较为实用的方法不外乎临摹。即临摹各种优秀的作品，研究各种不同的表观方法和风格，从中找出一些规律性的知识并找到一些适合自己的绘图方法和技巧。在临摹过程中，不能盲目地为了临摹而临摹，而是要在临摹过程中肯定与接纳有价值且易掌握的部分，训练分析能力和动手能力，从中学习掌握静态写生规律性的表现技法。充分做到悟其“意”，感其“理”，效其“章法”，以握“形神”，这是一个从量变到质变的过程。（图2–36）

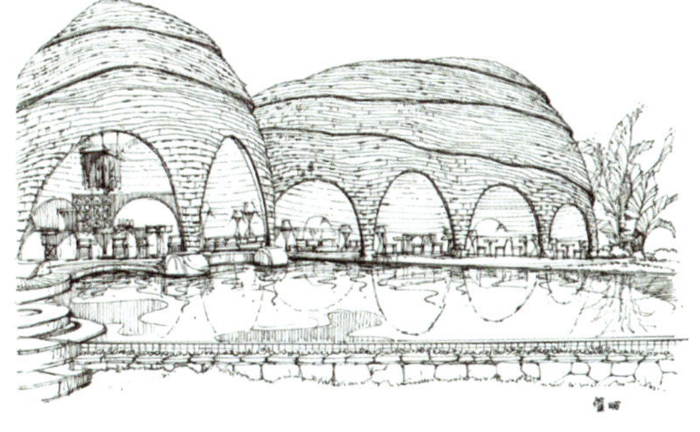

▲ 图2–36　手绘效果图临摹作品（汉武手绘　作品）

2）手绘模仿阶段（提炼变形）

模仿是在临摹学习阶段上又前进了一步。把学到的或其他手绘作品中有价值可用的部分方法和技巧综合地运用在方案设计的表现过程上。虽然带有明显的被动接纳的成分，但最终通过这种选择，还是由消极转为积极，由“演习”转为“实战”，这种演进过程是学习手绘表现技法不可忽视的过渡环节（图2-37）。

▲ 图2-37　手绘效果图模仿作品（汉武手绘　作品）

3）手绘创意阶段（综合运用）

整合创意是学习别人表现经验的最终阶段。它标志着在手绘表现经验、理论、技巧、实践能力等方面进入一个新的层次。创意表现阶段是设计者根据设计作品的文脉、内涵、形式、构成等因素，在表现过程中有效地通过一些计划好的成熟的想法和手法的应用，使设计作品本身更加突出、更加完美的表现出来，使作品生动感人，耐人寻味。

在这个阶段最重要的一点就是要有自己的个人创意和设计表现风格。我们知道想象力是智力高度发展的体现。绘画不仅要画目所见之物，还要进一步发展和创造所知和所想的东西，艺术的生命力在于创造，快题设计同样如此，皆在于发展其独创性和想象力，这些都是创造的核心（图2-38）。

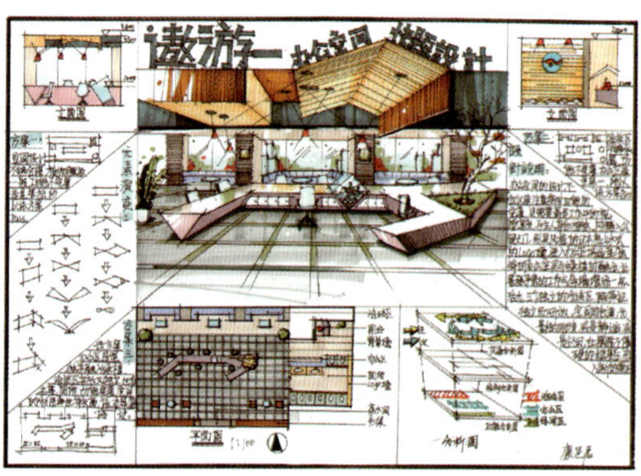

▲ 图2-38　手绘创意阶段（康邑君　作品）

另外，手绘效果图的一个特点是具有一定程序化的画法，这套程序化画法的步骤明确，学习效果理想。但缺点在于初学者很容易被这种程序化所规范，表现方法单一，没有新的特点。除了要学习技法的表现外，还要进行新技法、新课题的训练和研究，以开拓思路、推陈出新（图2-39）。

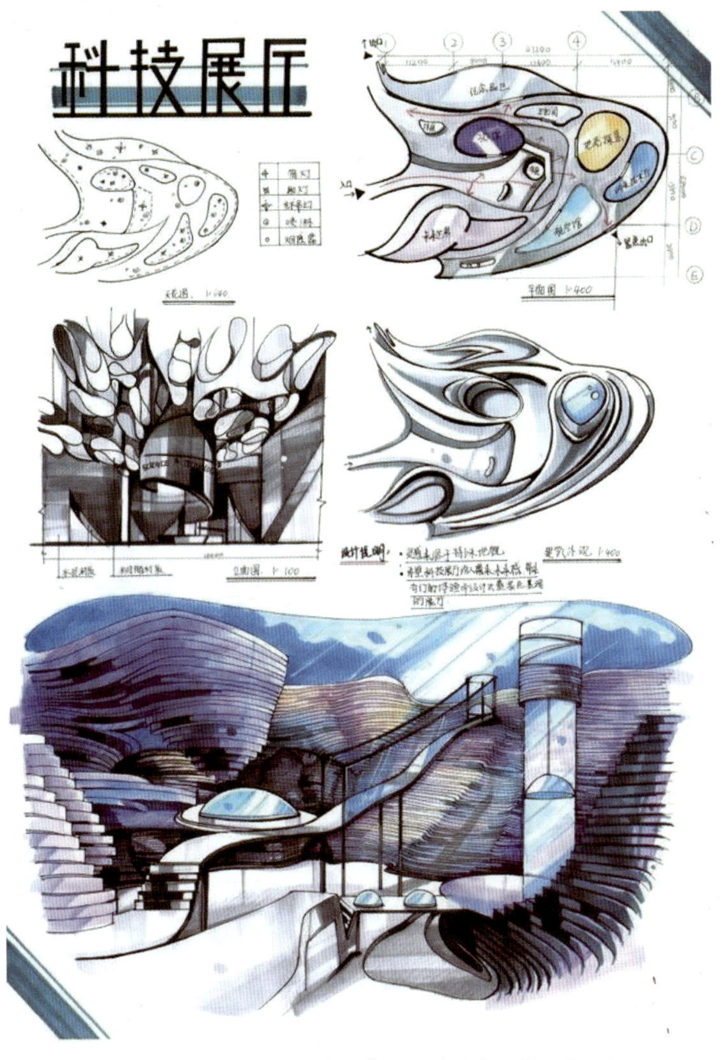

▲ 图2-39　科技展厅主题快题设计（余孟韩　作品）

由此可见，手绘快题的学习方法是一个由浅入深、由简单到复杂的递进过程。而反复训练这三个阶段性的内容既能增强手绘表现技法又能提高设计方案能力。手绘学习的目的是为了更好地应用这一技能，并最终服务于设计。

2. 手绘效果图的练习重点

1）空间感的表现

空间感是依照几何透视和空气透视的原理，描绘出物体之间的远近、层次、穿插等关系的，使之在平面的绘画上传达出有深度的立体空间感觉。如何体现画面的空间感应该注意以下4个方面。（图2-40，图2-41）。

（1）要使画面中的物体形状按透视原理有规律地变形，以符合近大远小的视觉特征。

（2）在刻画画面物体时要注意分清主次，做到不同程度的刻画，以符合近实远虚的视觉特征。

（3）要首先确定和加强画面前后物体之间的明暗对比，即亮衬暗或暗衬亮。

（4）要将轮廓上、结构上、局部上每一根边沿“线”处理得有实有虚，以符合人双眼视差的规律。

▲ 图2-40 室内空间感的思考表达（邹定宇 作品）

▲ 图2-41 餐厅空间手绘效果图表达（邹定宇 作品）

2）光影的表现

有基本素描知识的人都知道，形体可以表现物体的结构和立体感，但不够充分，所以为了更真实和充分地表现整幅画面的真实性和空间感，就必须加入光线的表现。没有光，物体的色彩、材质、肌理以及图案等都无法得到展现。室内的光一般分为外界自然光和内部人造光源。不同的光产生的效果也不同，在室内表现图当中，较为注重的应是人造光的表现，因为人造光的光源有多向性，在室内的小空间中更容易表现物体的本性及室内艺术效果的塑造。

一般物体受光有三种情况：一是顺光，这种受光物体以亮部为主，暗部和投影都比较少；二是侧光，这种受光物体亮部和暗部面积均匀，光影富于变化；三是逆光，逆光物体暗部占其3/4以上的面积，整个物体在表现上较为灰暗。从表现程序方面来讲，第一，在确定透视轮廓；第二，就要正确地表现建筑物的光影关系和明暗变化。它包括分出亮面、暗面，画出阴影范围，表示退晕的变化。在建筑物的受光面上，由于受光的强弱不同，有的部分更亮一些，有的部分稍暗一些。这种明暗变化虽然不如光与影的对比那么强烈，但对于表现建筑物的形体转折，却具有重要的作用。因此，表现画既要划分出受光面和背光面，也要区分出建筑物受光面上的明暗变化。这一步工作叫作“分面”，物体在受光以后，明暗的层次可分为高光、受光面、背光、反光和投影。有了这几种层次，物体的形体和立体感都能得以体现。但当物体处于正顺光和正逆光两种特定的受光状态时就会使物体失去立体感。所以在绘制效果图时，应尽量避免这种情况出现。在平时的光线表现训练中，要时刻注意大的虚实关系的体现。主要物体光影的素描对比关系可以表现强烈些，辅助物体的对比可以相对弱些，以达到一个整体黑白灰统一的效果。在绘制手绘效果图的过程中注意光影的变化，即便是单色的钢笔线稿，也会表现出较强烈的空间感（图2–42、图2–43）。

▲ 图2–42　物体受光情况在手绘效果图中的表现（邹定宇　作品）

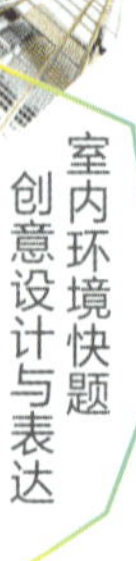

▲ 图2-43　物体受光情况的具体刻画（室内微课　作品）

第五节 深入了解和表现装饰材料的特性

我们知道，在室内设计中有许多丰富的装饰性材料，每种材料表现出的视觉特征是完全不一样的，在学习过程中只有充分、深入地了解不同材质的不同物理性、装饰性等其他方面的性质，通过徒手的形式把这些不同的特性深入地表达出来，这是让我们获得美感体验的有效途径，也是快题设计的主要表达要素，这是一张透视效果图能否深入下去的关键（图2-44）。

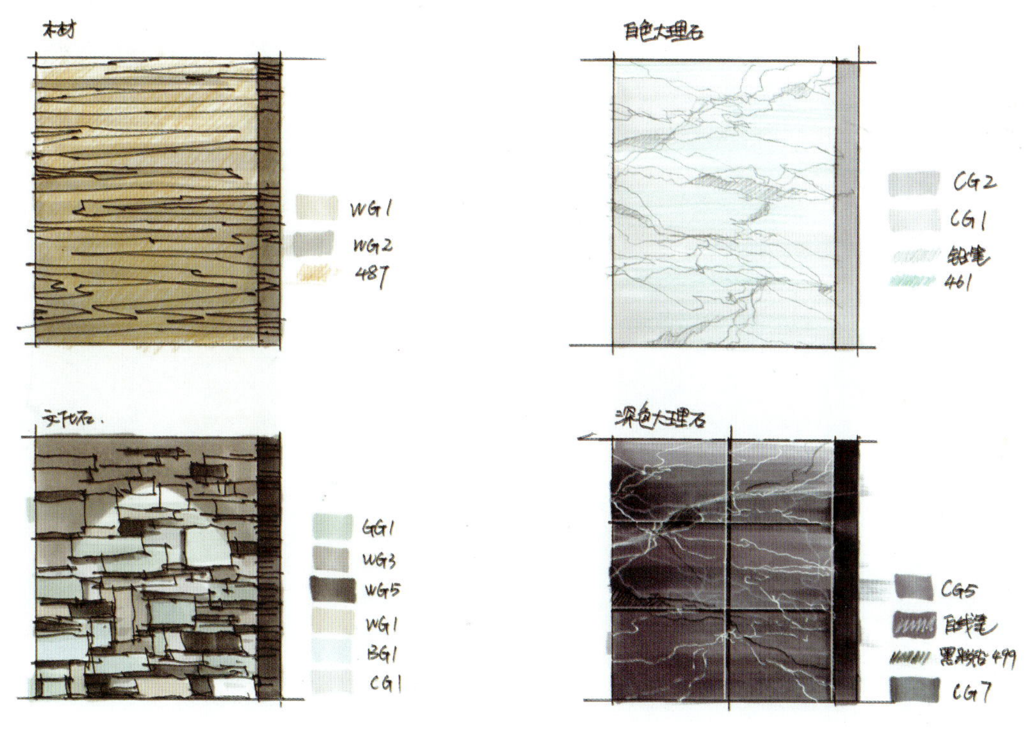

▲ 图2-44　材质的特性表达（邹定宇　作品）

1. 木纹质感

木纹饰面是室内设计师偏爱的，一种常用的高档装饰材料，它纹理自然优美，色彩丰富，更符合人们对于自然追求的特点。在刻画木材时，我们可以先观察木材的天然纹理，归纳它的特点，用线稿绘制出仿木纹线条，要保留木材的纹理和色调本身的特点。多用流畅曲线，纹理要自然且带有随机性，不要机械化地表现相同的纹理，同时还需注意木材上的节点斑点等（图2-45）。在上色时，注意颜色的选择，可用浅色画出木材底色，注意笔触清晰，平行排线。用深色加深暗面，营造立体感，需要时可用高光笔在边缘修饰出高光线。通过简单的练习，我们就能画出很逼真的效果（图2-46）。

▲ 图2-45　木纹的特性表达

▲ 图2-46　木纹吊顶的表达（室内微课　作品）

2. 文化砖

文化砖虽然多用在建筑外墙的装饰面上，但有的设计师为了追求粗犷质感，也会把文化砖用于室内的背景墙上。在做文化砖的质感刻画时，注意颜色不能过于单一。可用多色融合叠加。可用的色号有97 103，104 36，25，WG3（Touch），可先用36，104画出文化砖底色，后用103或97上色于砖的连接处，等颜色未干透之前，用WG3做快速涂抹，把几种颜色揉于一体，做出晕染效果，使颜色过渡渐变更加自然。注意：在上色时，因为使用的颜色多，所以运笔要快，要在颜色未干就加入后一种颜色，要把握好时机（图2-47）。

▲ 图2-47　文化砖的特性表达（苏事山作品）

3. 石材

石材同属于室内高级装饰用材，在室内快题设计里少不了它的出现。建筑装饰用的石材有天然石材和人造石材两大类，以天然石材为主，天然石材是一种高级的装饰材料，主要用于装饰等级要求高的工程中。人造石材属于较低档次的装饰材料，只用于中、低档的室内装饰工程中。刻画石材的质感相对于其他材质来说，会有些难度，主要体现在两个方面：

1）线稿部分

我们画大理石，需要先用线稿简单地刻画出石材的纹理，在大理石面上会有类似闪电状不规则的纹路，如果能用针管笔勾出这种纹理，那么石材的效果已经有了一半，这种纹理可用齿轮线去刻画，但切记不要画得太多。

2）色彩部分

用马克笔表现大理石的质感，需注意笔触排列，因大理石表面光洁，会有很强的反光，在使用马克笔排线时不能呆板，可适当用些斜线去表现反光或投影，让质感体现得更加真实。除此之外，还需要在画面中加入高光的运用，让石材光洁的特点体现出来（图2-48和图2-49）。

▲ 图2-48 石材的局部表达

▲ 图2-49 石材的特性表达（祝赐平 作品）

4.玻璃

玻璃材质的最大特点是有极高的透明度，且有很强的反光效果，因此我们在上色时不需使用太多颜色。可用CG1 CG2 75（touch）几支色号即可，在画面中，以斜线运笔的方式，把马克笔线条覆盖在玻璃后面的物体上，之后边角做虚化。在上色顺序：应先把后面的物体颜色做简单的刻画，不需刻画得过于写实，之后再画玻璃的斜线。马克笔斜线不宜过多，寥寥几笔就能很好地展现这类材质的特点了，剩下的部分做留白。需要注意的是在用马克笔排线时，线一定得画直且平行（图2-50）。

▲ 图2-50　玻璃的特性表达

5.金属材料

金属材料表面光滑，因此受外部光源的反射明显。抛光金属几乎能反映全部的环境色或是光源色。在表现时要根据以上特点，强调明暗交界线，并适度地将高光和反光做夸张处理。如表现金属杯具，要先画出它的固有色（如灰蓝、银白等金属固有概念色）。在颜色未干时借助槽尺，运用枯笔快擦，将环境色画在暗部，再用具有光源色倾向的颜色点出高光。由于金属材料大多质地坚硬、形态挺直，因此要求用笔流畅果断，并具有闪烁变幻的动感（图2-51）。

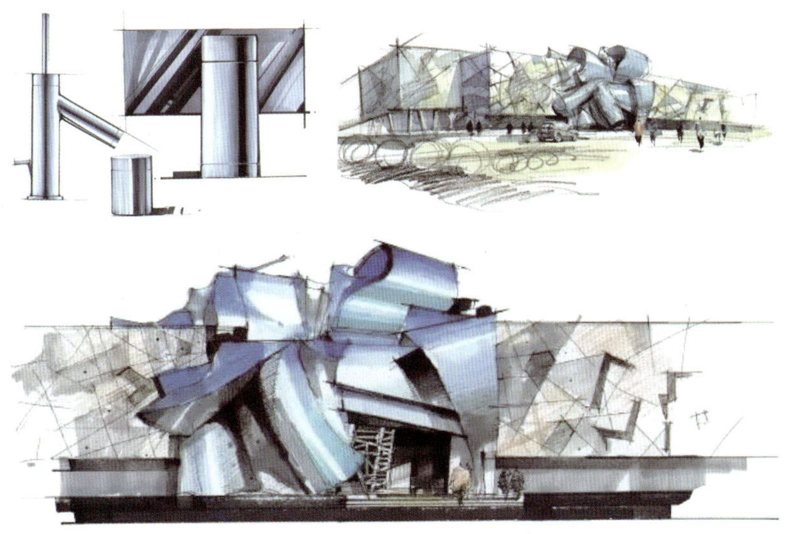

▲ 图2-51　金属材料的特性表达

6.布艺

布艺是室内空间中非常重要的一种软装设计用材，在营造空间氛围时能起重要的作用。如果在手绘中能把布艺刻画好，那么能给手绘的整体效果带来意想不到的结果。

在刻画布艺质感时，需要注意两方面，一是线稿，二是色彩。在画线稿时应把布艺褶皱的结构，前后关系刻画清楚。确定光源和布料的受力情况，控制好线条并画出大的结构走向，细化质地时注意明暗的处理。和别的固体物件一样，布是立体的，画的时候要注意转折处的纹理走向，透视变化。质感偏硬的布料，边缘线条相对较直，有锐利的转折，质感偏软的布料，边缘过渡柔和，没有锐利的转折，褶皱也比较柔和，这可为我们后续上色打下一个好的基础（图2–52）。

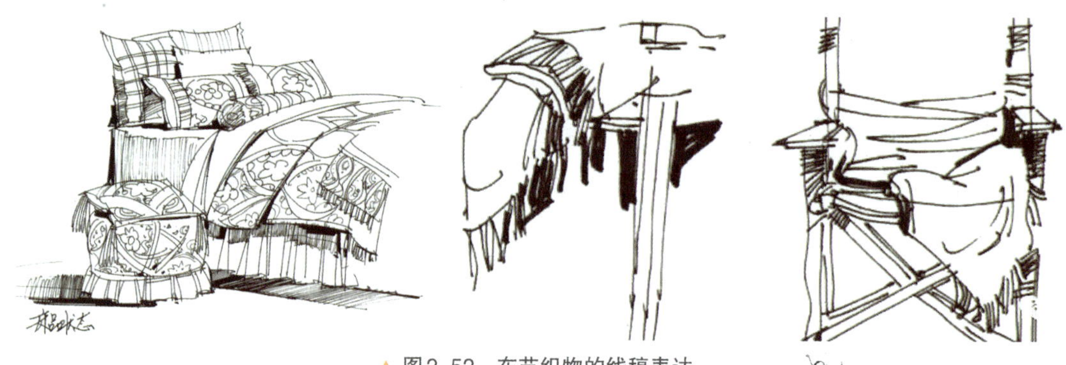

▲ 图2–52　布艺织物的线稿表达

在上色部分，可用常规为方式把窗帘的底色平涂出来，之后加深褶皱内的暗部刻画，这点非常重要，窗帘有没有立体感，就靠这步来展现。然后在这个基础上，可用马克笔尖头部分去刻画布艺上的花纹或纹理，可用小弧线来体现。如果是近景的窗帘，还需把纹路的构造清晰地刻画出来，营造一种真实感。如果窗帘面积较大，可用马克笔点来增加一些变化。初学手绘的同学容易把窗帘画得死板，还是因为在画窗帘时少了些许变化。而“点”能很好地帮我们协调（图2–53、图2–54）。

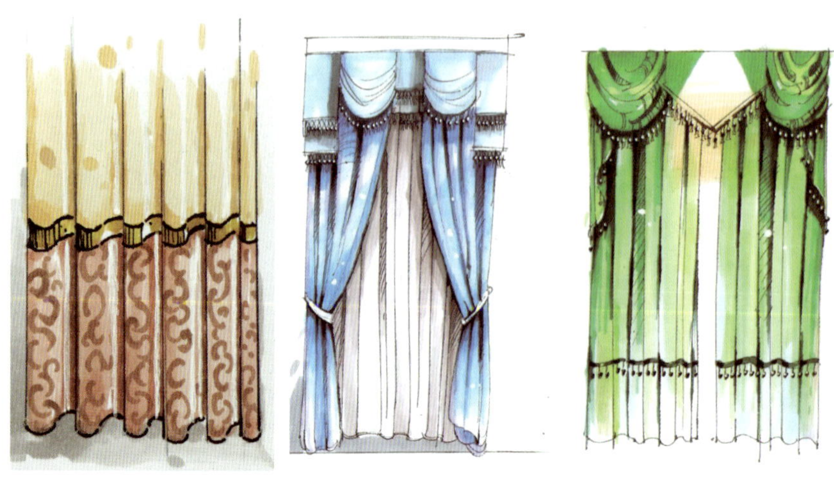

▲ 图2–53　布艺材质的特性表达

▲ 图2-54 布艺组合的特性表达

7.绿色植物

绿色植物在画面中往往起着烘托气氛的作用。植物刻画得好与坏，直接影响画面效果。但也不是说植物刻画得精细、色彩艳丽就是刻画得好，主要还是看与整体的搭配是否和谐。绘制植物时先用透明色在已完成的针管笔线稿上画出明暗和冷暖的大面积色彩，然后用水溶性彩色铅笔根据画面需要，刻画出细部的明暗以及微妙而又丰富的中间色调，从而显现出蓬松自然的植物形态（图2-55）。

▲ 图2-55 室内绿色植物的特性表达

植物盆景是空间中生命的象征，这块是初学者最容易忽略表达的一块，在大部分从事室内设计专业的大学生在接受手绘设计培训的过程中，表达场景时会避开表达场景中的植物，或是以相当概括的手法来表现，但因为对其植物生长结构认识得不够深入，以至于在概括的表达方式过程中无法做到深入浅出的表现。

第六节

快速、精准、全面的设计思维训练

不能简单地把快题设计等同于手绘表现，因为手绘表现的是基础的技法，而快题主要考查的是方案的设计能力和方案的表达与表现能力，也是对学生综合能力和发展潜力的全面考查。设计思维是思考、分析与创作的过程，这显得尤为重要，因此，我们不能忽视方案的设计能力，而纯粹关注手绘技法的表现。这也正是本书的意义所在，在表现能力的基础上，注重设计思维的训练，关注方案的设计，回到设计的本源，找到解决问题的关键，而培养概念提炼能力的全面设计思维也就显得尤为重要了。

任何一个好的设计概念的提出决非一蹴而就，其形成是一系列的思维过程。它更需要长期的专业知识积累和不断地观察、体验生活。依靠长期的观察、体验和实践在头脑中积累大量的设计原型，经分析整理，成为记忆表象。在着手方案设计时，它们才会不时地蹦出，产生创新的设计概念。因而，我们在学习阶段不仅要注重专业理论和专业实践知识的学习，更要留心生活，做个生活的有心人。室内设计的终极目标是创造适合人类居住的空间，生活是设计师们取之不尽的源泉，室内创作来源于生活的体验和观念的更新。“人性化设计”“绿色设计”“极简设计”都是从生活本身汲取的设计灵感。任何的创新尝试、具有想象力的建议都值得鼓励（图2-56）。

▲ 图2-56　西班牙的梯田住宅(unparelld’ arquitectes设计)

室内快题设计是一种很好培养创造性思维的方法。给定半天或一天的时间限定室内空间让大家进行概念性设计完成分析草图、平车面和立面以及必要的效果图。在这个过程中逐渐可以培养我们全面、精准、有创意的设计思维。快题设计一般没有过多的限制条件，鼓励出奇、出新的创意。如此既能增加大家的设计兴趣又可以创造良好的设计氛围，长此以往，提高了大家的概念设计能力。打破常规、敢于创新才能避免平庸的设计。

学会用设计的眼光看待生活，我们要把专业的意识融入自己的生活。首先，对于设计师来说，要热爱生活，学会用设计的眼光去看待身边的事物，关注细节。比如，在生活中关注不同空间的尺度、形式、具体的材质运用，或者具体的施工是如何实现等。其次，要设计出有气质、有文化、有灵魂的好作品，需要不断地提高自身的文化素养。比如关注哲学书籍、中国传统文化、传统建筑等。再次，要多听讲座，多看展览，关注前沿设计信息，提高方案设计能力需要不断地积累与思考。

1. 设计的概念与构思

弗莱德里克在《建筑师成长记录——学习建筑的101点体会》一书中提到："设计概念越是独特，它可能产生的感染力就越大。"用独特的理念进行设计，可以帮助人们理解你的作品，并赋予你的作品不同的特质。

灵感的来源非常宽泛，灵感的思考与形成过程或许让人琢磨不定，或许有迹可寻，可以是一闪而过，也可以是循序渐进的。我们需要做的就是基于自身的经验与大量的积累，不断地挖掘设计项目本身的问题，发挥自己的潜力，寻找设计的灵感。例如，可以把你认为这个空间需要具备的特质的词语写下来。可以是清新自然、朴素淡雅的，也可以是具有诗意的，从一个点出发去营造空间的氛围（图2-57）。

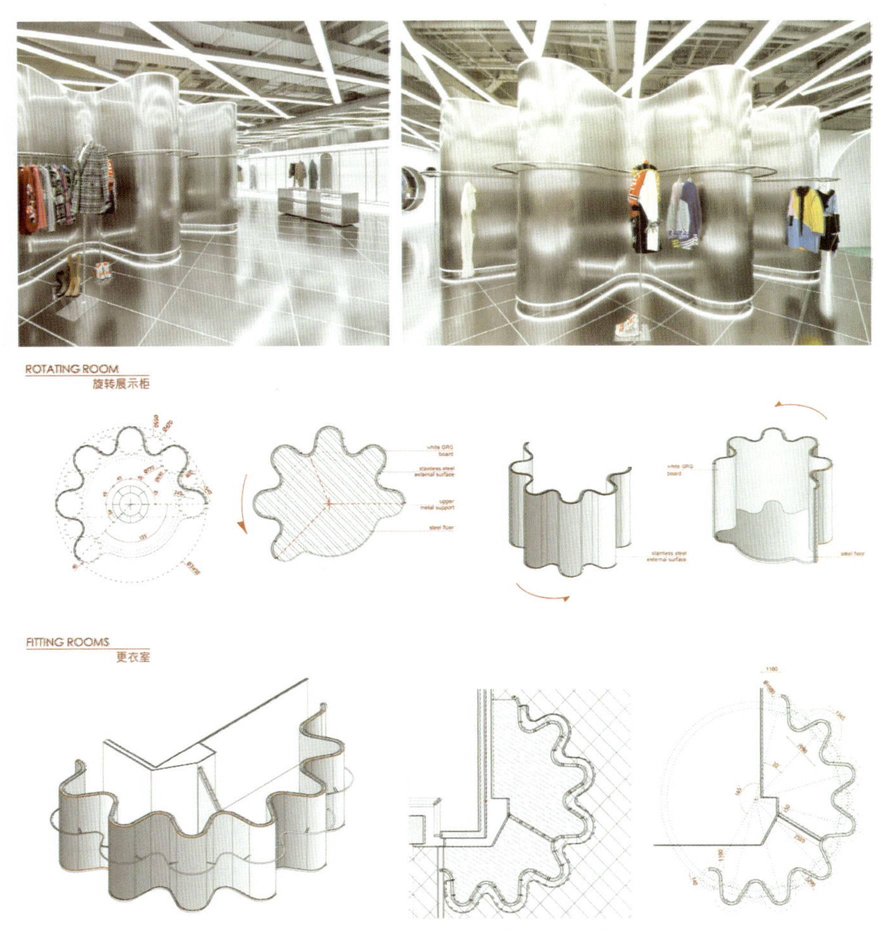

▲ 图2-57　专卖店设计中弯曲的不锈钢墙壁设计元素(头条计画设计)

2. 设计的元素的提取与重构

首先，通过设计灵感来确定具体的设计理念；其次如何利用空间去体现设计理念；再次，通过主要设计元素，使设计理念在空间中得以具体应用。在设计中需要先进行提取元素，再抽象转化，然后把它们再重新构成新的图案和元素。图2-58所示为巴黎春天的巨大“面纱”设计，在白色铝板上有大约17 200个花瓣状的穿孔，在孔洞上覆盖着一层双色玻璃，双色玻璃由抽象几何形演变而来，上述这些经过重组成为耳目一新的设计元素。

▲ 图2-58 巴黎春天双色玻璃“面纱”设计（UUfie设计）

设计师可以从不同的角度去捕捉和发现美的元素，在这些元素中提取适用的材料，使它们成为自己的创作素材同时对这些提取的元素进行转化和抽象，根据形象的构成，结合现代构成意识对其进行重构。值得一提的是用现代的观念和审美情趣去重新阐释和发掘传统的精华，寻到东西方文化的接合点，再有效地与设计作品相结合，可以形成有传统文化气息的设计作品（图2-59）。

1）元素的提取

在空间设计中，设计师常将收集整理的设计素材提取转化为准确、精练的视觉符号，从而表达空间的主题，提升空间的形象识别度。空间设计是一种思维过程，它始于设计师，然后传递给大众，并产生一定的心理活动。这一传递过程需要各种表现形式的视觉符号来表达设计语言。这些视觉符号不是孤立的，而是相互联系在一起，形成一个有序、系统、符合

▲ 图2-59 玻璃窗的元素提取与重构设计

美的规律的组织。通过空间、色彩、材质、光影、陈设等直观的具体事物传达给大众，表达设计情感。图2-60所示为北京点点一品茶餐厅的室内设计，设计师想摆脱人们心中茶餐厅固有的形象，以欧式十字拱顶的方式分割餐厅正方形的用餐空间。在平面上分成四部分，设计为四个拱结构，将拱结构的面去掉，简化为结构线，减轻了拱形天花的重量感。运用圆铜管做结构线，每个结构在四个角落下来。四个拱形结构结合，交会到中心，使元素的提取恰到好处。

▲ 图2-60　北京点点一品茶餐厅的十字拱顶元素设计（古鲁奇建筑咨询公司设计）

2）元素的转化

（1）省略简化。实际上，面就是把元素最本质的特征提取出来再进行简化编排设计，赋予它新的文化内涵（图2-61）。在苏州博物馆的设计中，贝聿铭将传统的苏州屋顶的符号提炼、简化，经过重新解读，博物馆的屋顶演变成一种新的、却具有象征性与代表性的几何效果（图2-62）。

▲ 图2-61 由汉字元素演变的几何图案形成的浮雕装饰背景墙

▲ 图2-63 苏州博物馆

（2）复杂堆积。曼谷的Kaizen coffee co咖啡馆运用天然橡木和深灰色砖材元素进行复杂堆积的处理，带来一种和谐而充满美感的对比。橡木的温馨气息与灰色砖材相得益彰，后者为吧台和一层的墙壁带来独特的肌理效果，营造出精致的细节及空间特征（图2-63）。

▲ 图2-63 Kaizen coffee co咖啡馆设计（space+craft设计）

（3）变形夸张。在空间设计中，也会经常将某主要元素运用变形夸张的处理手法凸显意味。图2-64所示为深圳的Auvers餐厅，餐厅天花板运用了元素的夸张与重复处理。白天，这些天花板乌泱泱一片，飘着的四四方方沉重的铁物笼罩全场，夜晚，餐厅的天花板五色斑斓，悬浮在头顶的庞然铁物仿佛消失一般。这种元素夸张的设计手法吸引了不少眼球。

▲ 图2-64　Auvers餐厅的天花板形式采用了元素夸张与重复的设计手法（Robot-3设计）

3）元素组织

（1）打散重构。深圳海境界二期健康人居体验中心对展示功能分解并进行重构，以一种浸入式的“艺术空间”体验模式来建构整个空间体系。在建筑中增加了户外长廊、画廊、多功能厅、实体艺廊、公共开放式厨房体验区、书吧等空间，而展示功能则巧妙地嵌入其中，通过一定的秩序编排，形成不一样的视觉效果（图2-65）。

▲ 图2-65　元素的打散与重构带来全新的视觉感受

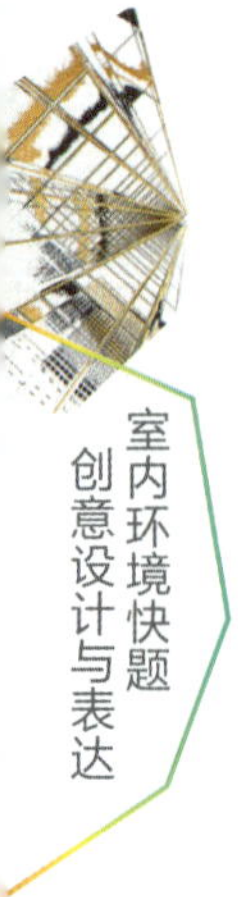

（2）对比碰撞。在空间设计中，我们可以将两个形式、色彩、质感等不同的元素拼贴在一起，从而制造视觉上的冲突，产生震撼力（图2-66）。

▲ 图2-66　固定结构装置Atoll的色彩元素对比碰撞（Studio Myerscough设计）

3. 空间尺度与经验累积

建筑是人们生活的容器，无论是家居空间，还是公共空间，人体尺寸与人的动作都起着非常重要的作用。人体尺寸是决定空间大小的标尺，因此我们要熟知人体尺寸的数据。

在日常的积累中，要知道什么是好的设计。我们所做的不仅要关注好看的设计，更要关注能打动人的设计。在平时的学习和生活中要善于收集优秀的设计案例，并深度剖析案例，为什么好，好在哪里，空间的细节是如何处理的，有没有不足之处等。建议大家可以将优秀的设计案例转化成快题的形式，一方面可以帮助深入理解方案设计，如对空间尺度的把握，借鉴立面、界面比例关系的处理等；另一方面可以提高手绘表现的技能。

由此可知，设计是解决具体问题的，必须具备灵活的设计思维。基于对空间功能与形式的思考，从不同的训练角度出发，层层递进，旨在培养设计思维的转换，提高设计能力。以一变多，具备多方案解决问题的能力，从根本上解决问题，从而达到室内快题设计的要求。

练习与思考

1. 快题设计应具备哪些基础能力？
2. 在课堂上进行多幅线条和设计速写练习。
3. 熟悉掌握和运用透视方法。
4. 在作业中进行手绘效果图的训练。
5. 充分了解装饰材料的性能，并在设计作业中运用。
6. 在课堂上讨论如何选择科学的艺术设计思维方式进行快题设计。

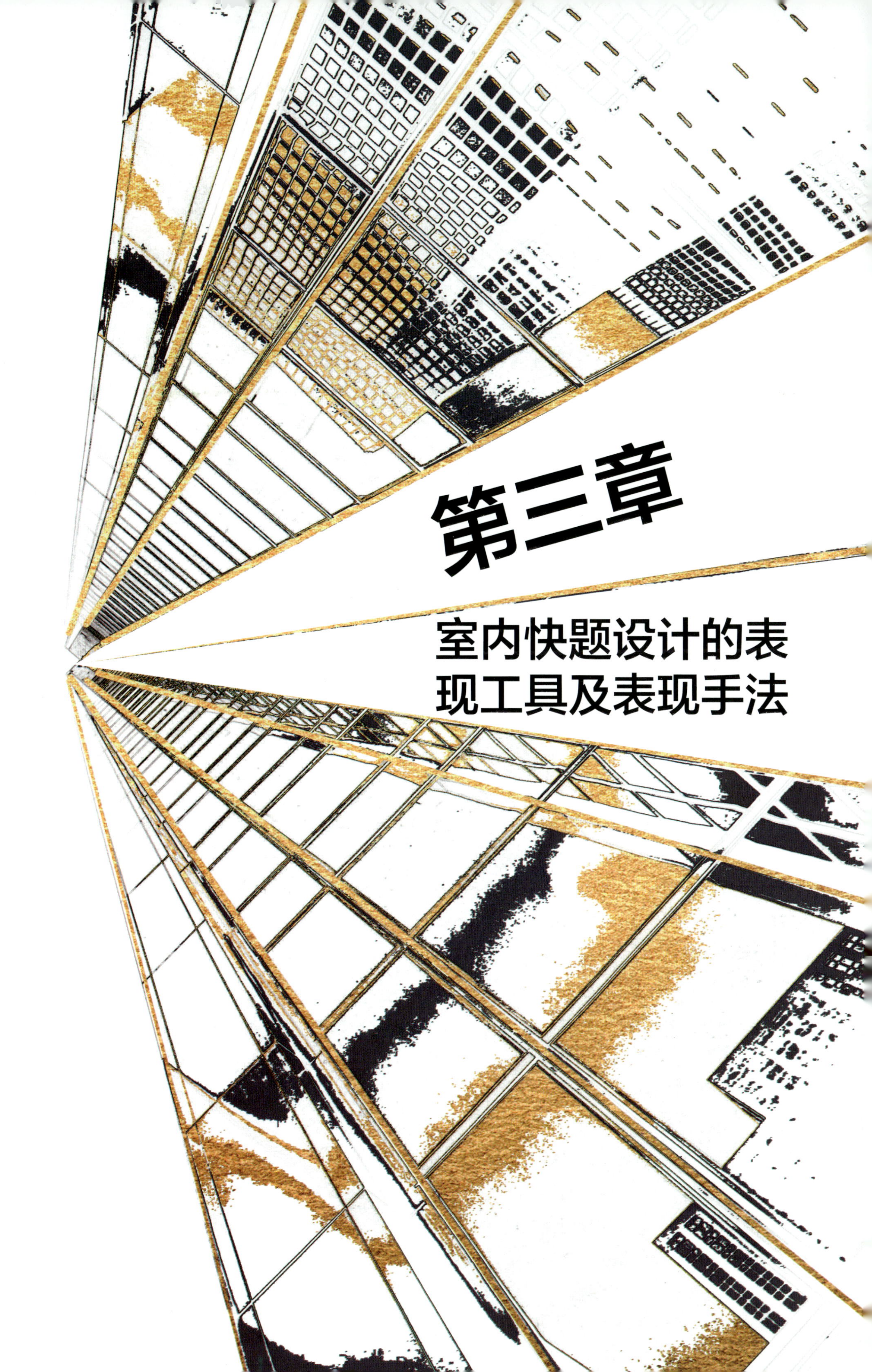

第三章

室内快题设计的表现工具及表现手法

在室内快题设计中，由于表现的室内空间大小不一，功能用途各式各样，所以对应的材质种类也较为繁多。为了达到室内空间对光、环境、材质、艺术陈设、家具等的设计要求，展现丰富的个性表达，只有合理地运用多样的绘画表现技法，才能创作出丰富的设计表现图。

本章知识点	学习目标
各种室内快题设计表现技法所用的工具、材料和技法特点。	详细介绍了各种室内快题设计表现技法所用的工具与材料的特性；了解不同类型室内快题设计表现技法的特点；掌握室内快题设计常用的表现技法。

第一节 彩色铅笔表现方法

1.彩铅表现方法的特点

彩铅是室内快题设计表现图的主要工具，彩铅弥补了马克笔难以调色的不足，像粗糙毛面的材质马克笔很难表现，但用彩铅刻画就能很生动。彩铅可以两种颜色叠加使用，比如物体暗部的反光环境色必须由彩铅来完成，而马克笔实现不了，冷色和暖色叠加很容易脏掉，还有一些材质的纹路如石头、毛毛的地毯、粗糙不平的地面等也需要借助彩铅来表现。（图3-1）

▲ 图3–1　彩铅的表现特性图例

彩铅的铅芯与普通铅笔是有差别的，它的着纸性能不如铅笔强。为了充分体现彩铅的色彩，拉开它们之间的明度（深浅）差别，在使用时就必须适当地加大用笔力度，这样才能展现彩铅应有的特色。不宜太轻，否则颜色涂不上去，容易使画面变得油腻，但也不要过重，轻重适宜、注意变化。对彩铅而言，无论怎样改变力度的大小，靠单色进行涂染做出的效果都会很呆板无味的，而我们使用彩铅进行表现的主要目的，就是要利用它的特性来创造丰富的色彩变化。在表现中，可以在大面积的单色里适当地调配其他色彩，加入的颜色往往与主要颜色有对比关系，为的就是做一定的补充（图3–2）。

彩铅不宜大面积使用，因为它无法像马克笔一样能够较深入地刻画细腻的空间。彩铅能调整画面的整体感，丰富画面的色彩变化，加重物体的质感特性。画彩铅用纸建议选择稍微粗糙点的，太过光滑的纸颜色难以叠加，但也不可过糙，否则塑造的形象不够细腻。

▲ 图3–2 彩色铅笔丰富的色彩变化效果（张炜江 作品）

2. 彩色铅笔上色技法

彩色铅笔上色的基础技法包括平涂排线、叠彩排线，水溶退晕等手法。

平涂排线：运用彩色铅笔均匀、整齐地排列出铅笔线条，讲究线条排列的疏密、方向等秩序感，塑造出形体明暗关系，从而达到色彩一致的画面效果（图3–3）。

▲ 图3–3 平涂排线法

叠彩排线：运用彩色铅笔排列出不同色彩的铅笔线条，各种色彩可重叠使用，使得画面效果丰富多变，富有层次感和灵动性，不过要注意色彩之间的搭配组合（图3-4）。

水溶退晕：利用水溶性彩铅溶于水的特点，将彩铅线条与水融合达到退晕的画面效果（图3-5）。

▲ 图3-4　叠彩排线法

▲ 图3-5　水溶退晕法

为了绘制时不破坏轮廓，可以用一张纸沿轮廓盖住不需要画的部分，画完后拿掉，以形成整齐的边缘。在水彩、马克笔等效果图制作后期，常用彩色铅笔来补充不足、加强主体、表现细节部分、追求质感等（图3-6）。

▲ 图3-6　彩色铅笔上色效果图例（绘聚手绘作品）

使用彩铅表现画面，所追求的效果是浪漫清新、活泼而富于动感的。这是一种形式感较强的着色方式，因此，用彩铅着色的黑白底稿要尽量处理得细致完整，并且要使用绘图笔来表现。

第二节 钢笔淡彩表现方法

1. 钢笔淡彩的特点

钢笔淡彩是以钢笔为主，颜色为辅的一种效果图表现技法。它区别于其他表现技法的主要特征为施色更为简洁、单纯。它施色的目的大多数只是起强调气氛和划分区域的作用，因为钢笔部分已完成得较为充分，所以无过多的色彩去塑造形体和空间。这种表现方法清新淡雅、刚柔相济、简繁自如、风韵别致（图3–7）。

▲ 图3–7 钢笔淡彩的表现特点

钢笔淡彩在传统意义上指的是在钢笔线条的底稿上，施以水彩。如今钢笔淡彩的范围已经被大大地拓展了，对于这个“彩”可以有很多的理解，可以是彩铅的，也可以是水粉的；可以是马克笔，也可以是油画棒；只要能在钢笔线条的底稿上和谐地运用，使色彩丰富，能微妙地表现物体的立体感和空间的层次感，能充分营造画面氛围的方式，都可以大胆尝试。

2. 钢笔淡彩的上色技法

钢笔淡彩的基本上色技法有两种，一种是渲染法，包括平涂和退晕等；另一种是随意性的填色法，包括湿晕染和平涂、叠色及笔触等。这两种技法在实际的绘画过程中往往综合运用。

下面简要介绍叠加法、退晕法和钢笔平涂法。

叠加法：待前一遍颜色干透后再叠加第二遍颜色，该方法适合表现光的投影和面的变化（图3–8）。

退晕法：在调配水彩颜料时，通过对水分的控制达到色彩渐变的效果。（图3-9）

▲ 图3-8 钢笔淡彩中的叠加法

▲ 图3-9 钢笔淡彩中的退晕法（《环境艺术设计表现技法》）

钢笔平涂法：调配一种颜色的水彩颜料，进行大面积均匀着色，并且运笔速度要保持一致，不留笔触（图3-10）。

▲ 图3-10 钢笔淡彩中的平涂法（林振祥作品）

第三节 马克笔表现方法

1. 马克笔表现方法的特点

马克笔表现技法是一种商业化、迅速表现设计方案的技法，是室内快题设计表现图的主要表现工具。马克笔表现图多用于快捷地表达设计者的思维，快捷呈现设计方案。马克笔分为水溶性马克（图3–11）、油性马克和酒精性马克（图3–12）三种，马克笔颜色快干、通透，着色方便，不需与水调和，通过各种线条的色彩叠加达到更加丰富的色彩效果，画面的风格爽快干练、豪放大气，追求速写性、趣味性和艺术性。马克笔可与多种绘图工具综合运用。

▲ 图3–11 水性马克笔

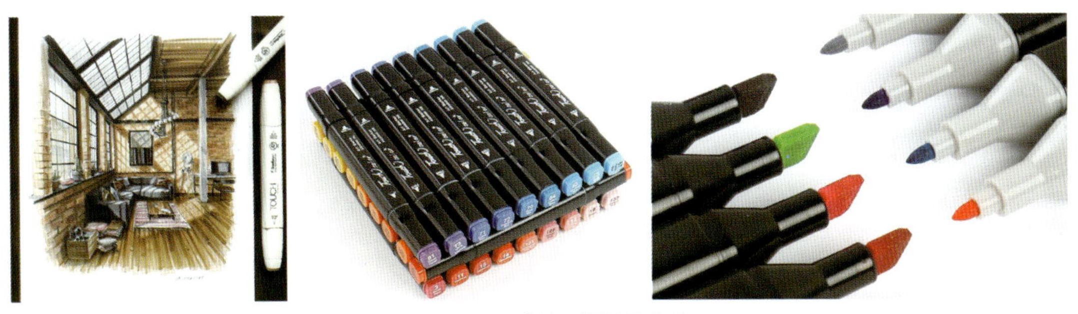

▲ 图3–12 油性、酒精马克笔

马克笔色彩相对比较稳定，颜色也较固定，不像其他颜料和彩铅具有可调性，这就要求看准什么颜色就用什么颜色，一气呵成。所以在选购笔时颜色尽量多、丰富，尤其是复合色和灰色。纯度很高的色彩多是用作点缀画面效果，建议少买，可以用彩铅来代替。

马克笔的表现步骤一般由浅入深，循序渐进，否则浅色会稀释掉深色而使画面脏掉。一开始把某些地方画“死”，之后修改就会非常困难，所以尽量少用不同色系大面积叠加，否则色彩会变浊而显脏。

2. 马克笔的基本上色技法

马克笔头分圆头和扁头两种，扁头正面与侧面宽窄不一，笔头直画为细直线，斜画可产生斜线，笔触间的叠加可产生丰富的色彩变化，但不可重复过多应用；圆头可用于粗线条的表现。马克笔如同水彩，着色时应当注意用笔的顺序，要先浅后深，切忌凌乱琐碎；线条要挺直有力，落笔要准确，运笔要流畅；填色时要注意留白效果。马克笔不易涂出大面积均匀的底色，一般以简练、暗示的手法来概括表现对象，可产生“意到笔不到”的效果（图3–13）。

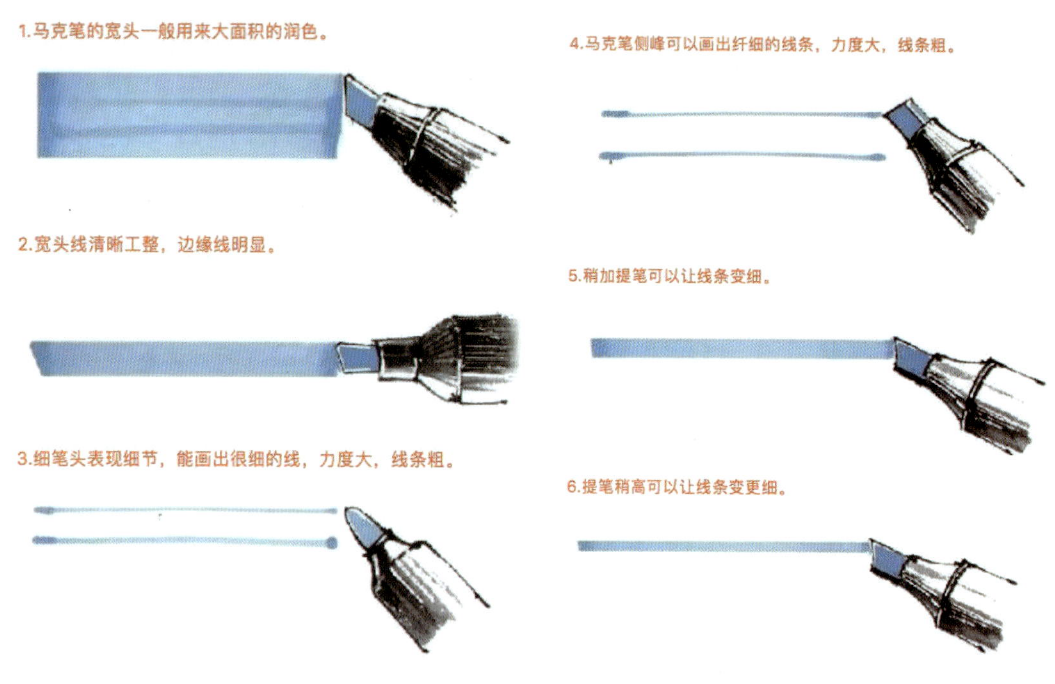

▲ 图3–13　马克笔的用笔技巧

3. 马克笔笔触的排列组合

1）单行摆笔不同方向的排列

马克笔笔触的排列与组合是学习马克笔表现最为关键的一步。马克笔笔头硬，下笔如不到位，会使笔触生硬、形体结构松散。马克笔笔触排列可以徒手或与直尺结合。“摆笔”是在马克笔运用中常见的一种笔触，线条简单的平行与垂直。线条交界线比较明显，它讲究快、直、稳。主要排列方式有横向、纵向、斜向、弧形等，可以多次重叠以加深颜色（图3–14）。初用马克笔难以驾驭，须经过大量练习才能熟悉笔的性能。马克笔用得是否出色，很大程度上取决于速写的功底，在使用时需要有很强的自信，快速行笔，才会有肯定的笔触。平时喜欢以规律性排线方式画素描的同学，掌握起来相对容易一些。

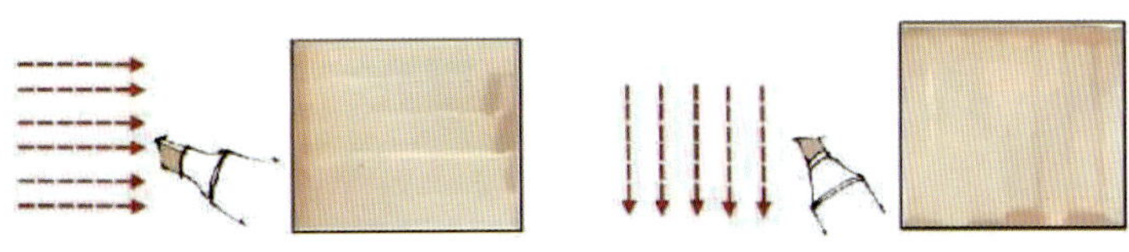

马克笔的横向与竖向排列线条，块面完整，整体感强烈。

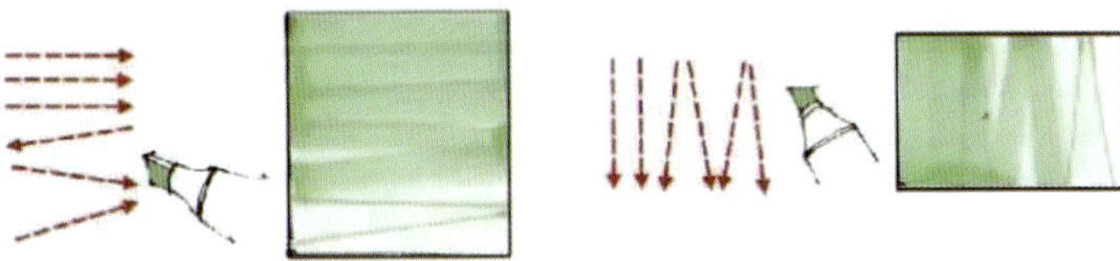

马克笔的横向与竖向排线，做渐变可以产生虚实变化，使画面透气生动。

▲ 图3-14 马克笔不同方向的摆笔技巧

2）单行摆笔的练习方法

通过笔触渐变的排线练习可以熟练地掌握单行摆笔的上色技巧。这种笔触的宽线条利用宽头整齐排线条，过渡时利用宽头侧峰或细头画细线。运笔一气呵成，流畅连贯，整体块面效果强（图3-15）。

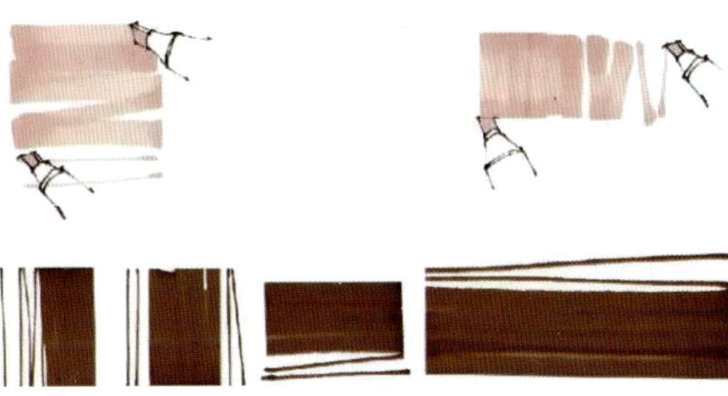

▲ 图3-15 单行摆笔的练习方法图例

3）马克笔叠加摆笔

“叠加摆笔”是通过不同深浅色调的笔触叠加产生丰富的画面色彩，这种笔触过渡清晰。为了体现画面明显的对比效果，体现丰富的笔触，我们常使用几种颜色叠加，这种叠加在同类色中运用的比较多。马克笔的渐变效果可以产生虚实关系，不同方向的叠加，每一层叠加颜色的色阶小过渡就会相对自然，笔触的渐变会使画面透气、和谐自然（图3-16）。

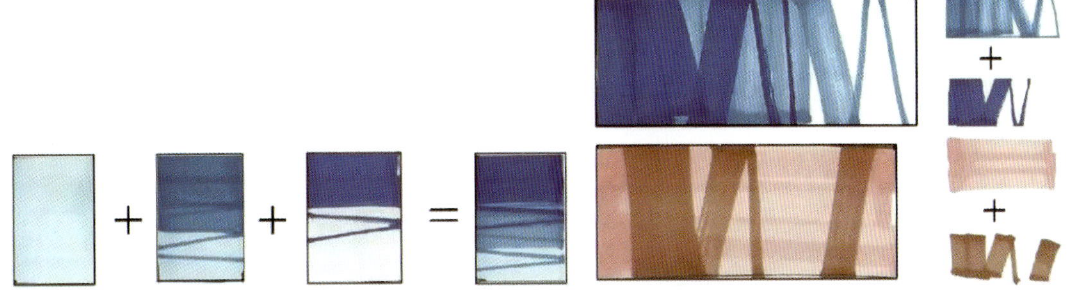

▲ 图3-16 马克笔叠加摆笔技巧练习图例

马克笔上色时应注意以下几点：

（1）用笔要遵循形体的结构，这样才能够充分表现出形体感。

（2）用色要概括，要有整体上色概念，笔触的走向应该统一，特别是用马克笔上色，应该注意笔触间的排列和秩序，以体现笔触本身的美感，不可画得凌乱无序。

（3）形体的颜色不要画得太“满”，特别是形体之间的用色，要主次有别，要敢于留白，颜色也要注意有大致的过渡变化，以避免呆板和沉闷。

（4）用色不可杂乱，要用最少的颜色画出最丰富的效果。同时，用色不可“火气”，要“温和”，要有整体的色调概念，中性色和灰色是画面的灵魂。

（5）画面不可太灰，要有虚实和黑白灰的关系，黑色和白是“金”，很容易画出效果，但要慎用。

如3-17所示为室内马克笔效果图例。

▲ 图3-17 室内马克笔效果图例（祝赐平 作品）

4. 配饰的马克笔表现

场景空间中软装配饰的马克笔表现是最能锻炼处理画面深入能力的功力。这在渲染室内环境方面起画龙点睛的作用，也可以增添画面的趣味性。练习初期可以通过单独的配饰训练来提高对配饰结构的理解及色彩的深入技巧。配饰色彩在整体场景中起跳跃性节奏的对比作用，需把握好颜色的搭配。这种装饰品及小物件，是室内设计中经常会出现的。不论桌子上，柜子上，吧台前都会摆放。我们在处理的时候，注意形体上一定要概括，线条一定要简洁，颜色可以适当选择跳跃一点的来丰富画面。也建议大家练习一些自己常用的装饰品，以备需要时方便调用。

软装配饰的表现直接影响画面的空间效果以及人文气氛，要让这些配置跟上时代和潮流。平时多观察和发现，不可忽视装饰陈设的训练（图3-18、图3-19）。

▲ 图3-18　室内配饰体现人文气氛（卓越手绘　作品）

▲ 图3-19　各式各样的室内配饰马克笔表现效果（邓蒲兵　作品）

5. 室内远景植物的处理技巧

室内远景的处理，可根据空间的整体色彩氛围，运用植物、远山、建筑等手法来处理。一般采用色彩对比的形式处理，这样空间更有层次变化，切勿将远景画得太满（图3–20）。

▲ 图3–20　室内远景植物的表现效果

6. 家具表现的手绘技巧

1）快速表现家具着色技巧

在快速表现着色的过程中，主要以家具的风格款式选择同类色、补色、对比色的关系，如通过明度、纯度的对比快速处理沙发的体积感及塑造场景的氛围感。用此类表达方式处理画面时，笔法豪放不受拘束，干湿表现技法结合，画面干脆利落，适合于设计草图，方案初期构思的表现方式（图3–21）。

▲ 图3-21 快速表现家具的着色技巧（邹定宇作品）

2）深入表现家具着色技巧

相对快速表现来说，深入表现在细节上处理需要更加注意形体的结构、质感及细部纹理。比如不同材质柜子的光泽，不同图案的布艺家居等，在深入表达的过程中需将其细书部分刻画得更加清晰，笔法更加规整到位。

家具单体的手绘步骤：

（1）在处理单体时，需要先确定一些比较容易确定的线。不管是否异形，都要当作方体来处理透视。同时需要对家具的比例、形态有一定的了解。上手练习的时候，先从简单的开始。不要一上来就画复杂的组合。基本上一个单体沙发，就可以默认为是一个正方体的比例（图3–22）。

（2）如果物体中有与方体很接近的形体时候，可以先将其确定下来，比如坐垫部分。因沙发的靠背是弧形的，较不容易确定透视关系，所以应尽快地找到家具中最接近方体形状的部分，如坐垫。注意沙发的脚，我们通常要将物体的最底端画得细一些，既美观又容易处理（图3–23）。

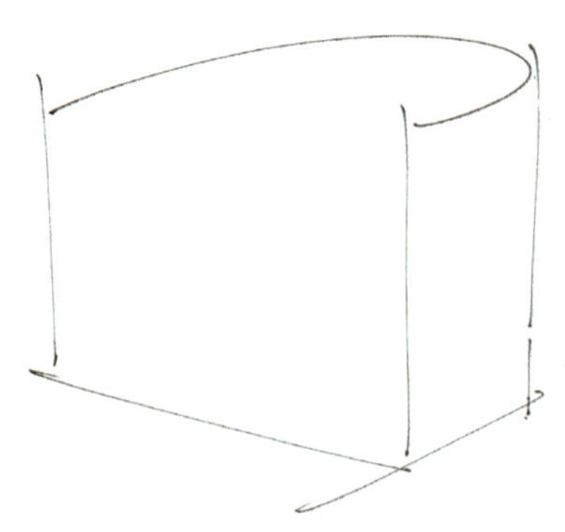

▲ 图3-22　家具单体的手绘步骤一（卓越手绘作品）

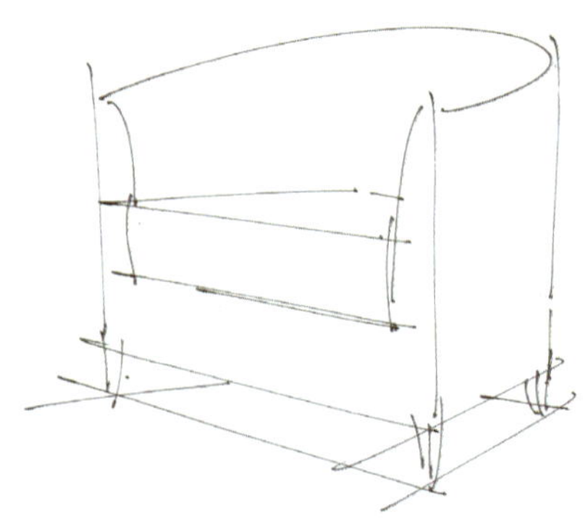

▲ 图3-23　家具单体的手绘步骤二（卓越手绘作品）

（3）因沙发进深有点长，有些个子矮的人坐起来会不太舒服，所以通常会配一个抱枕，抱枕同样可以起到丰富画面和美观的作用。抱枕相对来说比较简单，也是室内设计手绘中比较万能的存在。稍后会给大家做介绍。注意阴影部分，对于前期有这方面练习的同学，只要将地面的阴影加重即可。阴影的排线要统一（图3–24）。

（4）上马克笔颜色的第一层大概选择平铺形式，这个时候不需要太多的笔触处理。在选择颜色的时候，单体可以随意使用。而在整体的室内设计中，就要慎重考虑了。通常室内设计的选色，偏灰的颜色更容易使用（图3–25）。

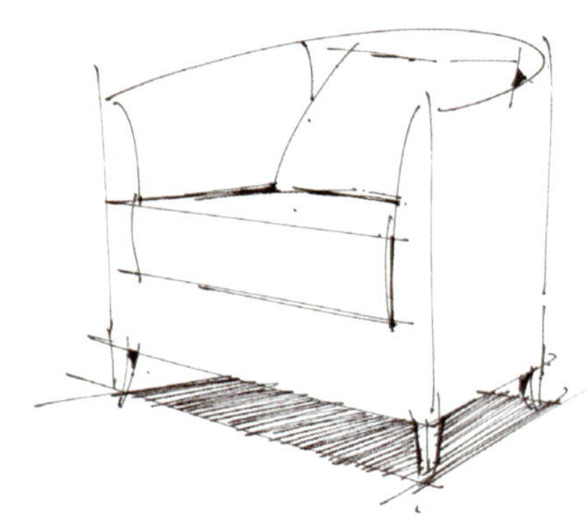

▲ 图3-24　家具单体的手绘步骤三（卓越手绘作品）

▲ 图3-25　家具单体的手绘步骤四（卓越手绘作品）

（5）第二层颜色是马克笔最重要的环节，需要注意区分受光面与背光面，在笔触上也比第一层颜色要更注意。马克笔拉过渡线时，切记不要太多，每层颜色一般用一根线作为过渡即可。地面用重色马克笔填实（图3–26）。

（6）对于比较简单的单体，马克笔部分画两层即可，第三层可以适当加一些彩铅以柔和过渡。彩铅部分注意笔触要有透气性。阴影加入黑色，让画面更加沉稳（图3–27）。

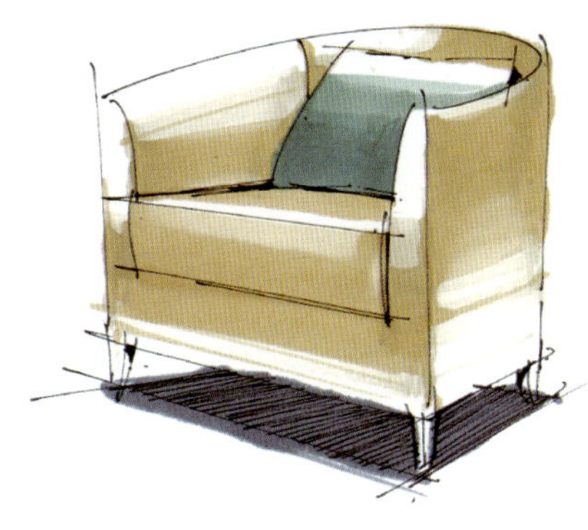

▲ 图3–26 家具单体的手绘步骤五（卓越手绘作品）

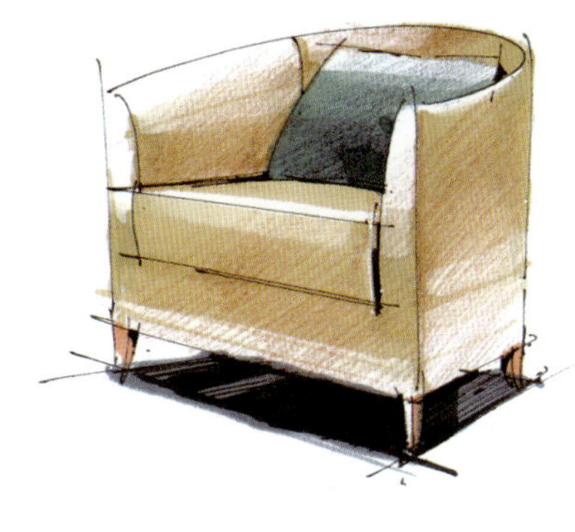

▲ 图3–27 家具单体的手绘步骤六（卓越手绘作品）

3）家具组合的手绘步骤

陈设组合训练的目的是逐步培养场景感，为将来的整体表现做准备。组合训练是将单体放在一起排设组合，要求单体造型准确、组合要有透视感，表现时还要对多个单体进行虚实处理，陈设组合成了客厅的一点透视场景，场景里的其他陈设和摆件丰富，为空间增添了生活趣味。上色时故意拉开了物体间的关系，如明暗关系、虚实关系，颜色的冷暖关系，前景处的摆件及茶几的受光面效果突出，与沙发形成了明确的层次，富有空间感。

（1）在画餐桌组合时，因为餐桌组合的形体过于复杂，需要考虑从物体的前面来画，避免过多的废线，我们要通过确定地面位置的方法来保证各个物体间位置关系的合理。而通常我们看到最多的是椅子的背面。注意：椅子的腿要上宽下细（图3–28）。

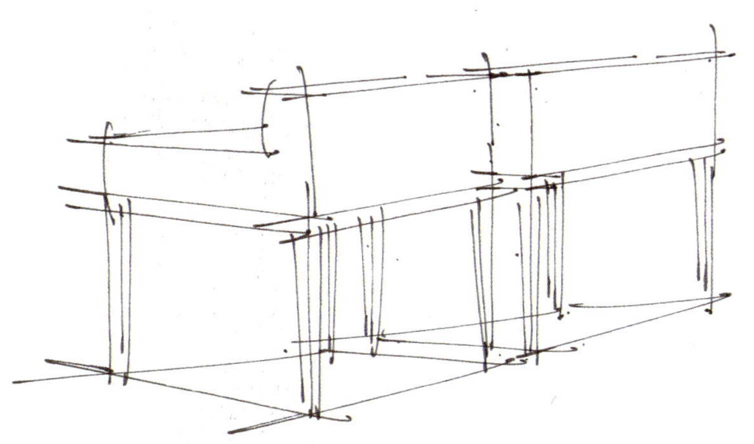

▲ 图3–28 家具组合的手绘步骤一

（2）最难处理的部分，透过桌子下面看到的部分，其次没办法处理得太细致，但是又要保证它的合理性，需要反复观察和练习才能做到。桌子上的桌布起了遮挡作用，降低了处理这部分的难度（图3–29）。

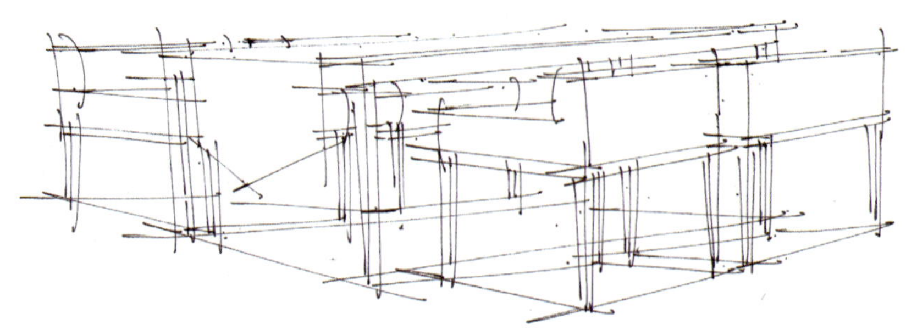

▲ 图3-29　家具组合的手绘步骤二

（3）加入细节处理，阴影部分这时候起了关键的作用，阴影可以帮助我们更好地区分各个物体。由于家具组合的“腿”过多，所以阴影采用竖线排线的形式更为合理。桌面上的物体，也可以更好地吸引观看者的注意力，从而降低对桌子下面物体的苛求（图3-30）。

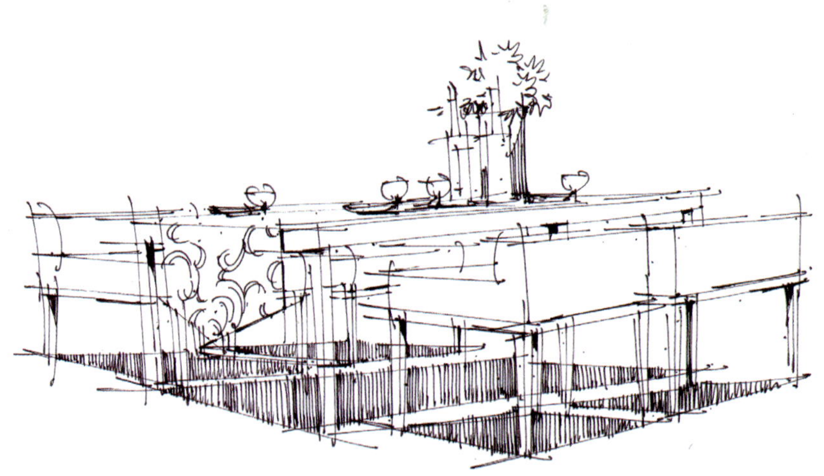

▲ 图3-30　家具组合的手绘步骤三

（4）上色时，可以让桌布、桌子、椅子等三个物体有所区分。这样可以降低一些上色的难度。在处理室内手绘时，要使用一些方法以避免画面太过复杂，这样做也可以提高工作效率（图3-31）。

▲ 图3-31　家具组合的手绘步骤四

（5）主体物笔触需要刻画得丰富一些，除暗处部分外，其他部分基本采用平涂的方法即可。同样要注意桌子下面的物体，尽量让它暗下去（图3–32）。

▲ 图3–32　家具组合的手绘步骤五

（6）加重阴影部分，跟上述一样，让画面更沉稳，加入一点彩铅作为过渡（图3–33）。

▲ 图3–33　家具组合的手绘步骤五

4）室内马克笔透视效果图表现实例

（1）明确参照面和视平线高度以及一点斜透视的倾斜方向，画出三大界面基本的内部框架结构（见图3–34）。

（2）确定所画的图内部的划分窗户位置，灯具位置大形，前台与背景墙（见图3–35）。

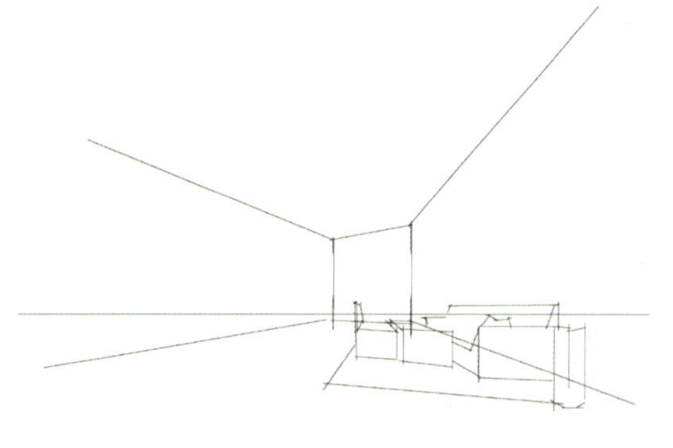

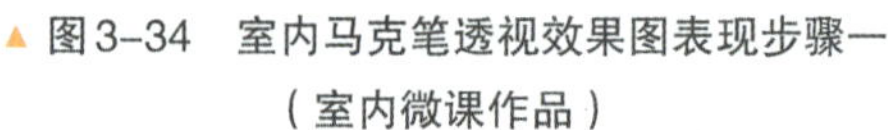
▲ 图3-34　室内马克笔透视效果图表现步骤一（室内微课作品）

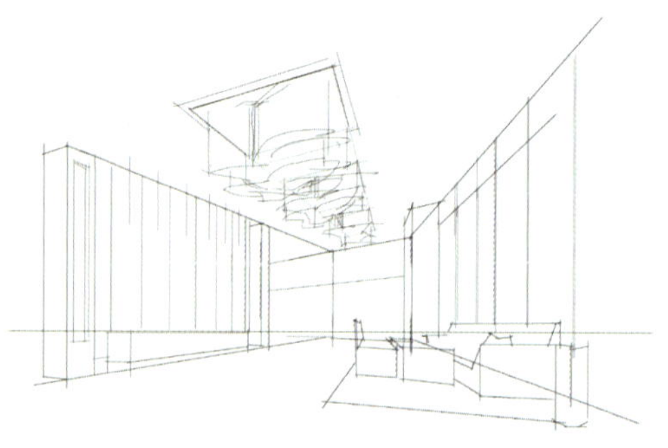
▲ 图3-35　室内马克笔透视效果图表现步骤二（室内微课作品）

（3）丰富空间的左边部分，地面铺装和绘制空间陈设品。注意：在绘制地面的时候，一定要细致，地砖的部分很大程度会影响整个空间的家具尺寸部分（见图3-36）。

（4）深化细节，左侧空的地方植物收边，地板添加一个大理石的质感，天花右侧添加灯具，左侧添加吸顶灯，强化空间黑白灰关系。根据光线角度绘制家具阴影和和暗部以及反光，线稿部分完成了（见图3-37）。

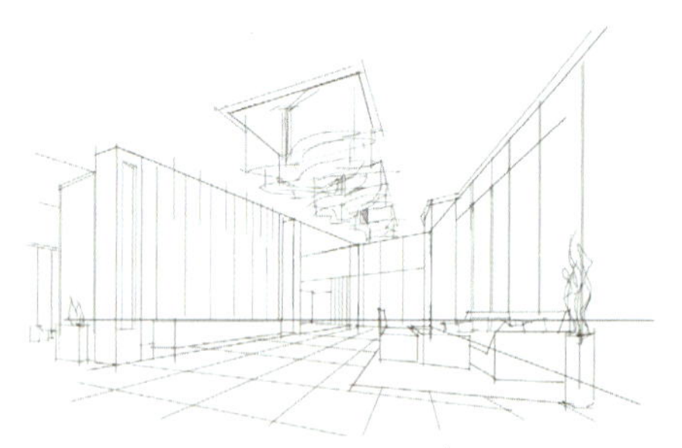
▲ 图3-36　室内马克笔透视效果图表现步骤三（室内微课作品）

▲ 图3-37　室内马克笔透视效果图表现步骤四（室内微课作品）

（5）先用270号绘制柱子与茶几，铺色要有疏密，在平涂的基础上有一些变化可以会更有层次感，240号作为沙发与背景墙的颜色一样铺色（见图3-38）。

（6）继续铺色，这里需要注意的是，不同质感的物体在空间里通过色彩变化来拉开前后关系。马克笔的画法物体亮面颜色是纯一点，冷一点；画物体暗面颜色是灰一点，暖一点（见图3-39）。

▲ 图3-38　室内马克笔透视效果图表现步骤五（室内微课作品）

▲ 图3-39　室内马克笔透视效果图表现步骤六（室内微课作品）

（7）深入刻画画面的细节，加上纹理体现质感。在这一步中，可以按视觉中心进行刻画，使画面变得生动（见图3-40）。

（8）物体带上了环境光、反光，加深了暗部，提亮了亮部，最后再用高光笔进行点缀，效果图完成（见图3-41）。

▲ 图3-40　室内马克笔透视效果图表现步骤七（室内微课作品）

▲ 图3-41　室内马克笔透视效果图表现步骤八（室内微课作品）

第四节　综合表现方法

各种材料表现技法都有一套较为固定的程序，先画什么，后画什么，有很明确的步骤。这样做的优点是有现成的范本参考临摹，通过练习，可掌握一套程式化的表现技法。

不同的设计情况，应该用不同的表现技法，除现成的范本外，还应该探索适合特殊情况的设计，可以反映个人感受、具有个人风格的表现技法。所谓综合表现方法，也就是多种工具混合使用的表现画法，是充分掌握了多种技法后的一种表现手法。每一种工具都有其特点，也都有其局限性，要发挥各种工具的优点并把它们有机地结合在一起，针对不同的表现对象或想要表现的效果来选择合适的工具组合运用。事实上，许多设计师都是采用综合表现的方法来绘制效果图的，也就是使用什么样的工具和技法并不重要，重要的是快题设计最后呈现的效果。

各种材料可以结合起来使用，同理，也可以把马克笔表现与彩铅表现结合起来使用，这也是综合表现方法最有代表性的搭配（见图3–42）。还可以探索使用新的材料和纸张等，只要能得到需要的画面效果，技法的选择是可以不受限制的。从原来用水粉、水彩为主的表现过渡到现在用彩铅和马克笔等表现，这都是在实践中不断发展形成的。在室内快题设计中，由于受时间和场地的限制，表现方式不像单纯的手绘表达那么不受限制，由此，应该选择操作方便、简单的表达方式，简单的手法和工具也可以创作出别出心裁的设计图（图3–43、图3–44）。

▲ 图3–42 马克笔彩铅结合的综合表现技法图例（邹定宇 手绘作品）

▲ 图3–43 喷笔、马克笔等综合表现技法图例（一行手绘）

▲ 图3-44 喷笔、马克笔等综合表现技法图例（祝赐平 作品）

练习与思考

1. 熟练掌握室内快题设计的表现工具和表现技法。

2. 运用彩色铅笔、钢笔淡彩、马克笔及综合表现方法各完成一套室内快题设计方案。

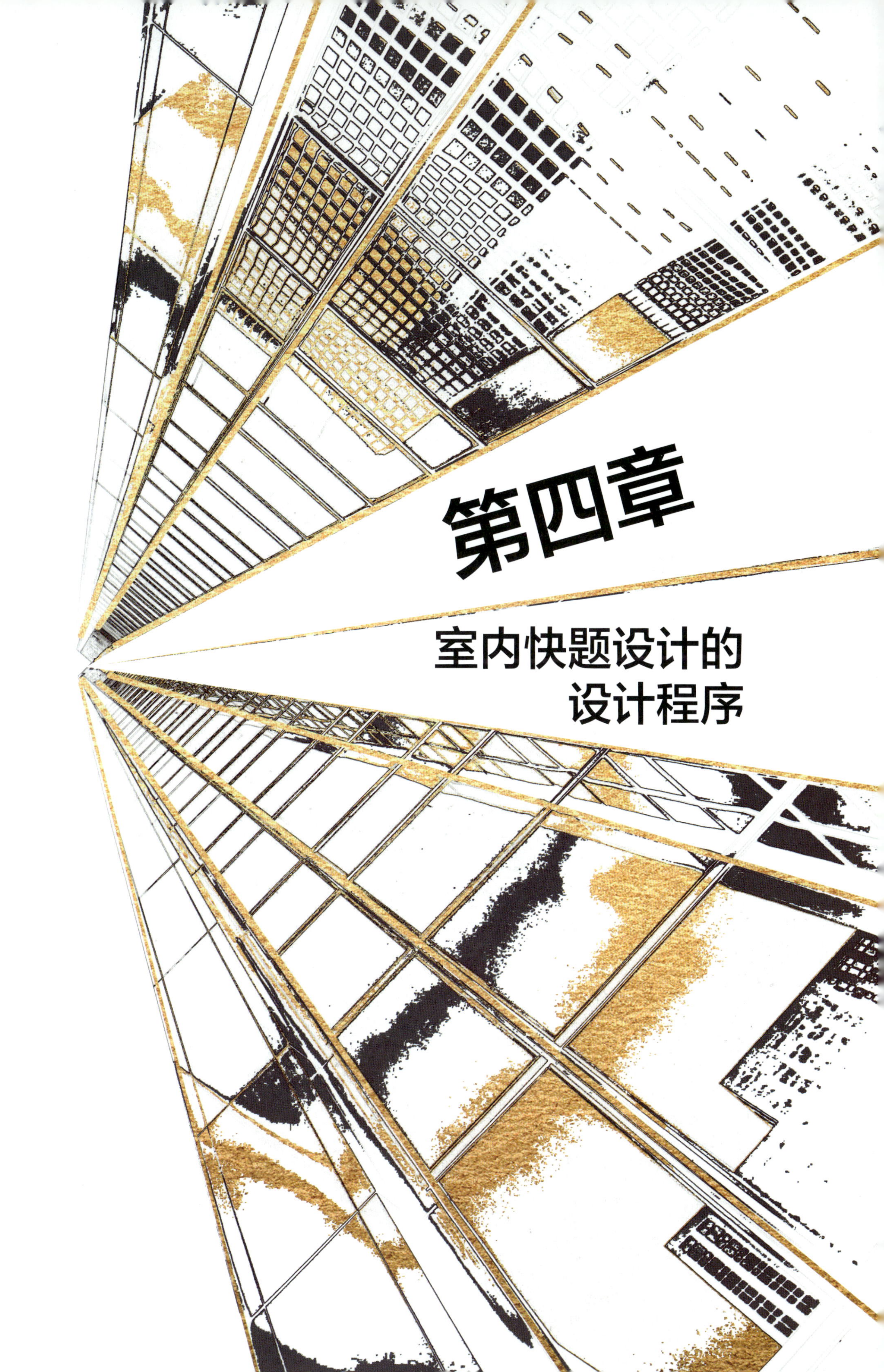

第四章

室内快题设计的设计程序

在进入本章学习之前，我们先来思考一个问题：设计的本质是什么？设计其实是一件既严肃又活泼，既精确又模糊，既系统又发散的思考过程，通过设计让空间实现增值的目的。在方案设计的整个过程中，既需要有丰富的想象力，还要有多向的空间感知能力，并兼顾人体尺寸数据的严谨处理能力。我们应熟知方案设计的程序，提升自身快题设计方案的能力，在设计的时候方可做到心中有数，稳中求胜。

快题设计的步骤是单线推进，一环紧扣一环的，每一项工作分别为任务书解读、设计定位、方案设计和设计表达。

本章知识点

室内快题设计的设计程序。

学习目标

详细介绍了室内快题设计的设计程序；掌握室内快题设计的绘制步骤和设计重点。

第一节 方案设计的前期——解读任务书

首先要认真阅读考题，即设计的任务书，并找出关键字，以明确空间类型，了解主要使用人群，确定主要功能和次要功能等。这些准备工作是整个设计过程的前期调研部分。设计的过程就是不断解决问题的选择，既要满足显性需求，也要注重隐性需求，更要挖掘潜在需求（图4–1）。

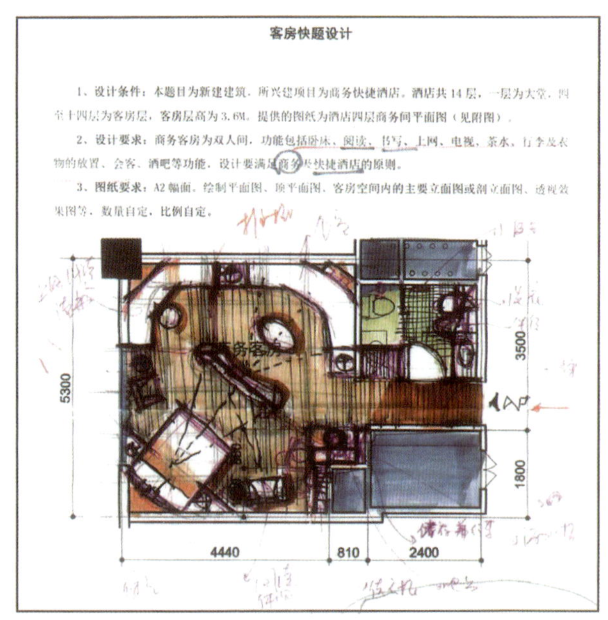

▲ 图4–1 解读任务书（《室内快题设计方法与实例》）

解读任务书有三方面重点：

（1）判断方案性质（类型）：是公共空间？还是居住空间（注：在快题设计考试中，居住空间所涉及的类型一般都为中小户型，如酒店标准间和一居室的灵活小户型。公共空间一般以200~300 m^{2}的小空间为主，如茶室、酒吧、快餐店、专卖店等）。

（2）根据题目列出要设计的主要内容：平面布置图、夹层平面图、立面图、效果图、外立面、重点部位优化方案、大样图中的平面、立面、剖面图，或者其他，按照题目要求而定。

（3）题目的设计要求有哪些呢？注重功能分区合理，注重空间流线合理有序，表达设计内涵，满足客户要求，等等。

第二节 设计定位的形成——构思与定位

充分把握任务书及题目的需求之后，接下来就是方案设计的开始。这里需要提出的是设计的概念。有了一个好的概念，就有了好的设计立意，有了好的立意，设计才有灵魂。当然，这是一个抽象且感性的过程，但我们可以运用各种方法训练自己，利用发散思维进行头脑风暴（图4–2、图4–3）。

▲ 图4–2 客厅方案构思（邓蒲兵作品）

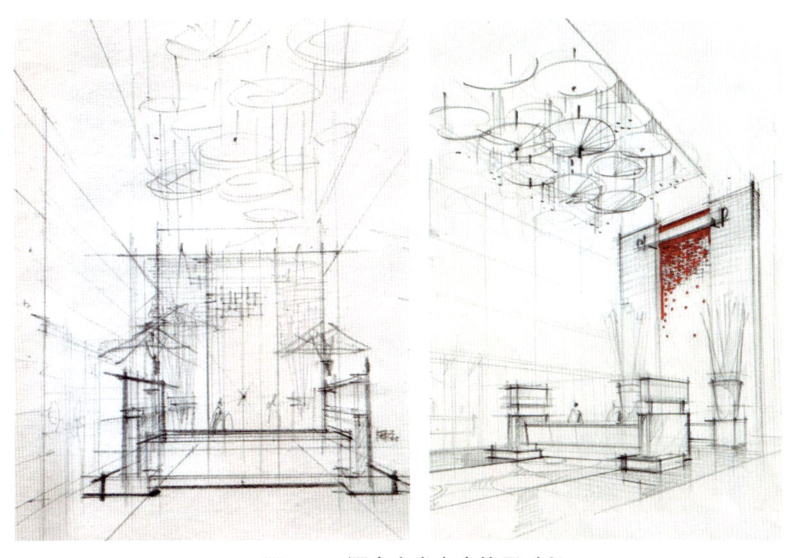

▲ 图4–3 酒店大堂方案构思过程

要读懂任务书，审清楚题目。对所附的户型图用一定的时间予以审核，找出户型的主要空间构成，了解户型的朝向以及结构和消防疏散安全等；此外，记住各空间横纵像尺寸层高，快速计算各功能区面积，设计人数等，并把户型在头脑中转换成平面、立面空间形象。

具体在这个阶段要明确内容包括以下方面：

（1）各功能空间的流线要求（平面布置图和夹层平面图）。

（2）各功能空间的功能分配（展示区、会客区、储藏区等）。

（3）各功能空间的朝向要求（主次要房间的需求）。

（4）各功能空间的对内和对外开放的关系（如收银区，办公区等）。

第三节 方案设计的形成——功能与形式

俗话说：看设计，看平面。平面图做好了，设计就成功了一半。这说明好的平面图在设计中至关重要。这是一个感性与理性相结合的过程，既要要艺术激情，还要有科学头脑。在平面布局时，要兼顾功能和形式。首先要考虑功能，这也是前一步调查与分析的逻辑结果。在此阶段必须有尺度概念，人的尺寸和使用方式决定家具的尺寸和空间尺度。勒·柯布西耶就非常重视人体的尺寸，他提出根据黄金比例制订人的“模度”观点，也印证了他曾说过的“我的建筑空间都是适合人体尺寸的”。需要提醒大家的是：必须时刻牢记人体尺寸，所设计的家具和空间要满足使用条件。另外，不同使用功能和性质的室内环境，对室内设计的风格特点要求也各有不同。

根据各个空间的功能性质、空间人数，确定空间的大小。然后根据人的活动流线，采用适宜的形式，将多个不同功能的空间进行组合，并有效地联系起来。画出功能气泡图，推敲功能分区，注重空间组织，兼顾人流动线进而明确空间序列、空间节奏，以形成丰富的整体空间关系（图4-4）。

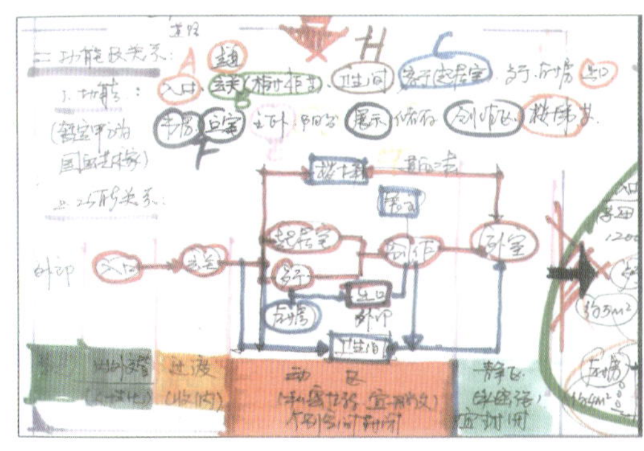
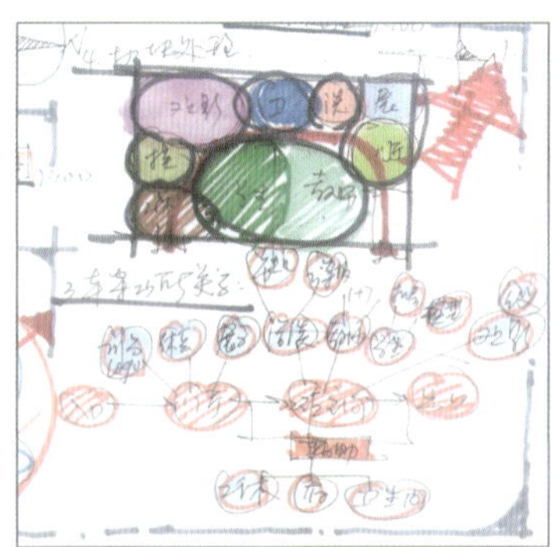
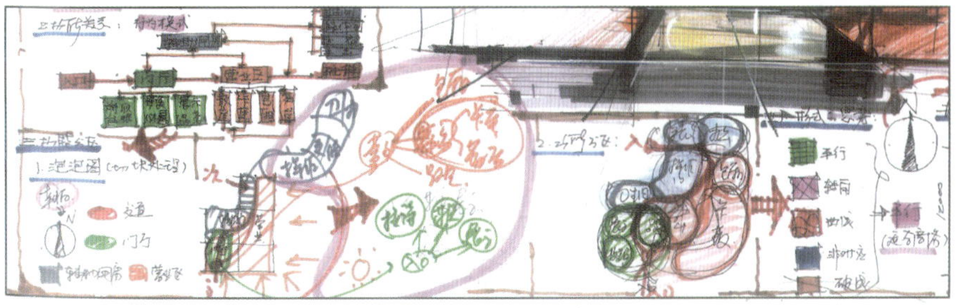

▲ 图4-4 功能分析图（《室内快题设计方法与实例》）

在构思平面图的过程中，要兼顾天花图与立面图的整体效果，同时也要注意考虑以下几个方面：

1. 空间的功能

在前期我们已经知道一个空间需要什么功能，基于人体的使用尺度，什么样的空间可以满足该功能。接下来需要做的就是采用怎样的处理手法，把空间有序、合理地安排组织在一起，形成丰富的空间体验（图4–5）。

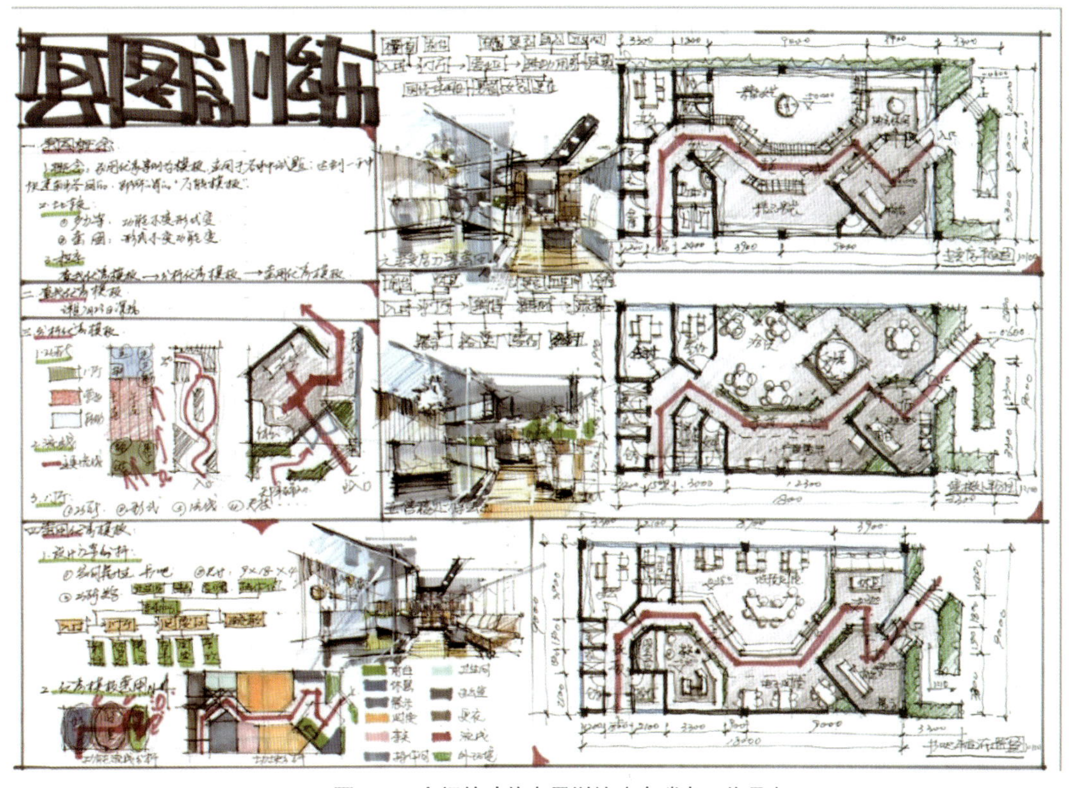

▲ 图4–5　空间的功能布局训练（秦瑞虎　作品）

2. 空间的形式

1）空间序列的节奏性

空间序列是指空间的先后顺序，是按照一定的空间功能，进行合理安排的空间组织。各空间相互之间在顺序、流线和方向上有一定的联系。根据空间的使用性质和变化，空间序列设计的构思、布局以及处理手法而会有所不同。一般空间序列可分为以下 4 个阶段：

开始阶段：是序列设计的开端，预示着设计帷幕拉开，设计的重点在于如何创造出具有吸引力的空间氛围。

过渡阶段：是序列设计的过渡部分，是酝酿人的感情并使之走向高潮的重要部分，具有引导、启发以及引人入胜的功能。

高潮阶段：是序列设计的核心内容，是序列的主角，也是精华。这阶段的目的是让人在空间环境中激发情绪、产生满足感、获得独特的情感体验。

结束阶段：是序列设计的结尾部分，是序列的最后一个环节，从前面激昂状态恢复到平静，精彩的设计结束，令人回味无限，留恋上个阶段的“余音”，丰富整个空间的体验感受。

当然，空间序列的设计是灵活多变的。作为空间的“导演”，设计师应根据设计空间的功能要求，有针对性地、灵活地安排空间序列。任何一个空间序列的设计都必须紧密结合色彩、材料、陈设、照明等方面来实现，还应注意空间序列的导向性、聚焦性和多样统一性的特点，图4-6所示为JE北京餐厅的红色金属楼梯扶摇而上，统领整个空间，玻璃灯具以形意柔化空间，让空间序列生动且重点突出。

▲ 图4-6 空间序列中的高潮空间（FUNUN LAB设计）

2）空间形态的多样性

（1）固定空间与可变空间。单就室内设计来说，建筑构件起着结构作用，所围合的空间是固定而不可变的，这些结构在承受自重的同时，还起着承载、支撑整个或部分建筑的作用。另外，通过装修的手段砌筑的木隔断、轻钢龙骨墙或玻璃隔断，由于围合物固定，所以它们所形成的空间也称为固定空间（图4-7）。

▲ 图4-7 固定空间

与此相反，可变空间则是为了能满足不同使用功能的需要，进而改变空间的形式。可以采用灵活可变的分隔方式。如展厅中的可移动展墙，餐饮空间包间的可开可闭的隔断，智能家居中可收叠的家具等（图4-8、图4-9）。

▲ 图4-8 可变空间

▲ 图4-9 可变功能空间由弹性垂帘划分

（2）静态空间与动态空间。静态空间形式比较稳定，空间比较封闭、单一。空间的限定度较强，趋于封闭型。多为尽端空间，私密性较强，序列到此结束。空间分割的比例、尺度协调，色彩和谐、光线柔和、装饰简洁，多为对称空间，达到一种静态的平衡。（图4-10）

▲ 图4-10 静态空间

动态空间具有空间的开敞性和视觉的导向性。空间组织灵活，引导人们从“动”的角度观察周围事物，加入时间的纬度，移步异景。动态空间利用丰富动感的造型、对比强烈的图案等，引导人流方向，形成多向的活动线路。动态空间可以利用垂直交通，如电梯、自动扶梯等，还可利用旋转地面、可调节的隔断等设施，形成丰富的动势。动态空间作为流动空间，可加入光影效果和背景音乐，同时还可以引进自然景物，这时它是一种生动的力量，而不是作为一种积极的存在空间（图4-11）。

▲ 图4-11 动态空间

（3）封闭空间与肯定空间。封闭空间是使用限定性比较高的围护实体包围起来的空间（图4-12）。肯定空间在视觉、听觉、小气候等方面都有很强的隔离性，是界面清晰、范围明确、具有领域感的空间（图4-13）。如卫生间就是典型的封闭空间，它的风格是内向的、拒绝性的，与周围环境流动性较差，具有较强的领域感、安全感和私密性。封闭空间随着围护实体限定性的降低，封闭性也会自然减弱。采用灯窗、人造景窗、镜面等可以扩大空间感和增加层次，也可以打破封闭的沉闷感。

▲ 图4-12 封闭空间

▲ 图4-13 肯定空间

（4）开敞空间与模糊空间。开敞空间是外向型的，限定度和私密性较小，强调与周围环境的交流、渗透，利用对景、借景的手法，形成融合的大空间（图4-14）。模糊空间是指似是而非、模棱两可的空间。在空间性质上，它常介于两种不同类别的空间之间，多用于空间的联系、过渡、引申等（图4-15）。

▲ 图4-14 开敞空间

▲ 图4-15 模糊空间

3）空间类型的丰富性

（1）虚拟空间。虚拟空间的范围没有十分完备的隔离性，也缺乏较强的限定性，它是只靠部分形体的启示，依靠联想“视觉完形性”来划定空间的，又称为“心理空间”。如休息空间，借助家具、地毯等形成一个相对独立的虚拟空间。此外，虚拟空间的常用因素还有各种隔断、水体、色彩以及高差等（图4-16）。

▲ 图4-16 虚拟空间

（2）共享空间。共享空间是为了满足人与人、人与环境交流的需要，是综合多用途的灵活空间。它往往处于大型公共建筑的公共活动中心和交通枢组，含有多种多样的空间要素和设施，在精神上、物质上对人们都有较大的挑选性。空间相互交错，极富流动性，大中有小，小中有大。尤其是共享大厅倾向把室外的空间特征引入室内（图4-17、图4-18）。

▲ 图4-17 Väre大楼被天窗照亮的设计学院和商学院的中庭空间（Verstas Architects设计）

▲ 图4-18 悉尼Marrickville图书馆的中庭共享空间

（3）母子空间。母子空间是对空间的二次限定，是在原空间（母空间）中，用实体或象征性手法再限定出小的空间（子空间）。如半开敞办公室、大餐厅中的小包厢等，它们既有一定的领域感和私密性，又与大空间有相当的沟通，闹中取静，能很好地满足群体与个体在大空间中各得其所、融洽相处的种空间类型（图4-19）。

▲ 图4-19 母子空间

（4）抬起空间与下沉空间。抬起空间是指室内地面局部抬高，在抬高面的边缘划分出的空间。由于地面抬高，成为视觉焦点，其性格是外向的，具有展示性。地台上的人们，处在居高临下的优越方位，视线开阔（图4-20）。

▲ 图4-20 fairyland森云间亲子餐厅的抬起空间（非作建筑设计）

下沉空间是指室内地面局部下沉限定出的一个范围比较明确的空间。这种空间的标高较周围低，有较强的围护感，性格是内向的。处于下沉空间中视点降低，环顾四周，形成一定的私密性与安全感。具体要根据环境条件和使用要求来定下沉的深度和阶数（图4-21）。

▲ 图4-21 下沉空间

（5）凹入空间与凸出空间。凹入空间是室内某一墙面或角落局部凹入的空间，一般只有一面或两面开敞，所以受干扰较少，随凹入深度的加深，其领域感与私密性加强。根据凹入的深浅，可作为休憩、交谈、进餐、睡眠等用途的空间。在餐饮等公共场所可布置卡座、服务台等（图4-22）。

▲ 图4-22　凹入空间

凸出空间是由室内向室外部分凸出的空间，可以与室外很好地融合，开阔视野。这种空间可以丰富室内外的空间造型，增加趣味性。（图4-23~图4-25）

▲ 图4-23　英国利兹新拱廊街，拱廊内部排列着优美的弧线形玻璃店面（ACME设计）

▲ 图4-24　天光为三层活动区＆休息区带来光线

▲ 图4-25 阳光从天窗洒入眉山东坡书院联创阅读空间

第四节 方案设计的深化——界面设计

在平面草图的基础上进行空间优化，需要处理好室内空间的界面。界面是人能直接看到，甚至接触到的实体要素，界面的组合可以赋予空间丰富的形态。界面的设计要考虑比例尺度、材质与色彩的运用，仔细推敲空间的细节，才能符合空间文化内涵表达的需要。

1. 顶面

通过顶面的处理，进行不同区域的划分。如高低落差、色彩、材质与灯光的变化，可以使空间的形状、范围以及各个空间之间的关系明确，从而建立秩序、突出重点，凸显空间的气质与性格（图4-26）。

▲ 图4-26　丰富的顶面空间设计

2. 地面

地面的设计要考虑空间的区域感，与其相对应的顶面相呼应，如可以采用高差、材质变化做出处理。例如，老佛爷商城伊斯坦布尔店，直观导示系统是购物商城的室内设计难点。与设置中央轴线这种惯用手法不同的是，Plajer & Franz采用通过地面的对比性材料来强调不同的空间环境，让顾客感到场景的变化。以天然石材地板将步行通道显现，商店区域用木质地板铺设，装饰性的照明及天花板材让售货区与众不同（图4-27~图4-29），地面设计也可以和当地人文环境、历史背景相结合（图4-30）。

▲ 图4-27 商品销售区采用木质地板

▲ 图4-28 步行通道采用天然石材地板铺设

▲ 图4-29 独特地面花装饰创造营造不同的区域氛围

▲ 图4-30 地面的人字形图案呼应了利兹的纺织业历史

3. 墙面

墙面也是围合室内空间的重要界面，它以垂直面的形式出现，基本都在人的平视范围之内，是最容易引起人们注意的界面。首先，应注重墙面的构图，讲究竖向与横向的分割体系，深入研究什么样的划分比例是合适美观的。特别需要强调的是空间的主要立面，如入口背景墙的设计。其次，要考虑墙面的图案、色彩和质感。最后，要考虑墙面的高度、形式等与空间感的强弱变化。常见的墙面形式有隔墙、玻璃等透明与半透明隔断、半墙镂空隔断等（图4-31~图4-33）。

▲ 图4-31　不规则的石砌装置墙

▲ 图4-32　阿姆斯特丹的Karavaan餐厅墙面设计细节

▲ 图4-33　餐厅洗手间丰富的墙面设计（Studio Modijefsky设计）

第五节 方案设计的完成——氛围的营造

在前面设计方案前面部分深化完成后，接下来应该考虑设计氛围的营造。我们可以试着向自己发问：是否完成了空间气质与氛围的营造？是否满足了设计的要求？所使用的家具和软装小品是否满足了使用要求？有没有呼应设计的主题？设计的空间赋予人的精神需求达到了吗？这些发问都有助于空间氛围的营造。

室内快题设计服务的主体是“人”，所有的设计是以“人”为中心展开的。所以在设计时需满足人对空间的基本需求。当然，这种所谓的基本需求只是物质表象层面的，不能满足人们精神内涵的需要，这也是衡量一个室内设计创新与品质的关键所在。室内快题设计中的空间氛围营造是对空间的精神、心理需求的高度概括与提炼，它可以集中表现在设计主题、创意构思等方面。当然，这些设计主题、创意构思在创作中需结合室内空间、色彩、材质、灯光等构成元素来完成。通过在室内空间设计中营造空间氛围，加强了人与空间的互动体验感，提升了人们对空间的品位和意识，营造了一个适合个人生理和心理需求的空间环境，使人产生不同的情境感受。室内空间氛围营造迎合了当代人们对室内空间环境的需求，它在满足人们基本生活的同时，也感受到人对空间环境设计的关注与关怀，良好的室内空间氛围给人以温暖、舒适、美的感受。这里还可以考虑更高层次的情感体验，如是否能够引起消费者的情感共鸣等（图4–34）。

▲ 图4–34　良好的空间氛围营造

怎样去表现设计中的人文、审美和思想呢？室内快题设计所要陈述的是设计思维的表达，并非简单的技术炫耀。一个设计师在他的作品中设计思维还有审美倾向，在很大程度上受个人文化层次的影响，因而，要提高自身的综合素养，广泛吸收各种精华，积极地感

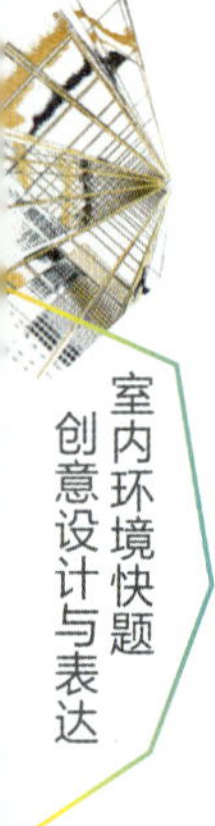

受社会和生活，不断地提高和充实自己，这也是做好快题设计的关键所在，要提高设计和表现的能力，至少要重视这两点：①注重文化修养和审美情趣；②注重生活感受和情感培养。

整个室内快题设计包括了两个方面的内容，一是设计部分，前文所适的五个环节就是围绕设计部分展开的，告诉大家如何通过一些现实可行的设计方法设计出一套令人满意的设计作品。二是设计表达的部分，也是如何把设计思维转化到图纸上的最重要的手段，这也是室内快题设计的最后一道程序——如何把设计好的内容通过徒手的形式表达出来（图4-35~图4-37）。

设计表达分为素描表现和色彩表现。素描表现就是用钢笔或针管笔将平面图、立面图和透视图合理布局后，在所要求的图版上绘制出来。色彩表现就是用马克笔、彩铅或其他表现技巧结合表现图幅的物体关系（如平面图、立面图和透视图等），使图版完整呈现，增强设计图的视觉效果。快题设计的画面效果第一印象非常重要，直接影响分档的好坏，没有设计“硬伤”，能吸引人眼球无疑会被选入A档，好的快题设计应该满足以下几个要求：

1. 完整性

设计成果完整。首先任务书中对图纸的要求一样不能缺，要满足设计任务书的要求，室内面积、规模、功能安排等要与题目要求相符合，不能自由发挥，添加一些不必要的设计内容。否则再好的构思和表现都是徒劳的。方案设计要能充分表达设计者对设计任务的理解与把握，设计整体性要强，图纸表达要求完整、连贯。

2. 准确性

没有明显的“硬伤”，画面不存在明显的尺度错误和比例错误，功能布局不存在明显的不足或失误，对题目限制条件理解正确等。

3. 亮点突出

能在大多数设计作品中凸显的一定是有亮点的，要求在设计方案表现上充分深入，排版整洁合理，设计概念新颖动人，突出视觉亮点、展现个人特长。

4. 统一性

设计与表现通过整个版面设计来呈现，首先，整体卷面效果需统一，版面的布局直接决定了给人的第一印象。其次，平面立剖面及效果图需相互对应，标题与文字说明也应与图纸内容统一。

▲ 图4-35　室内餐厅空间快题设计表达1（郑颖琼　作品）

▲ 图4-36　室内餐厅空间快题设计表达2（魏盼峰　作品）

▲ 图4-37　室内餐厅空间快题设计表达3（王盛安　作品）

练习与思考

1. 简述室内快题设计的设计程序。
2. 在方案的形成过程中要注意些什么问题？
3. 遵循合理的设计程序，完成一套室内快题设计方案的练习。

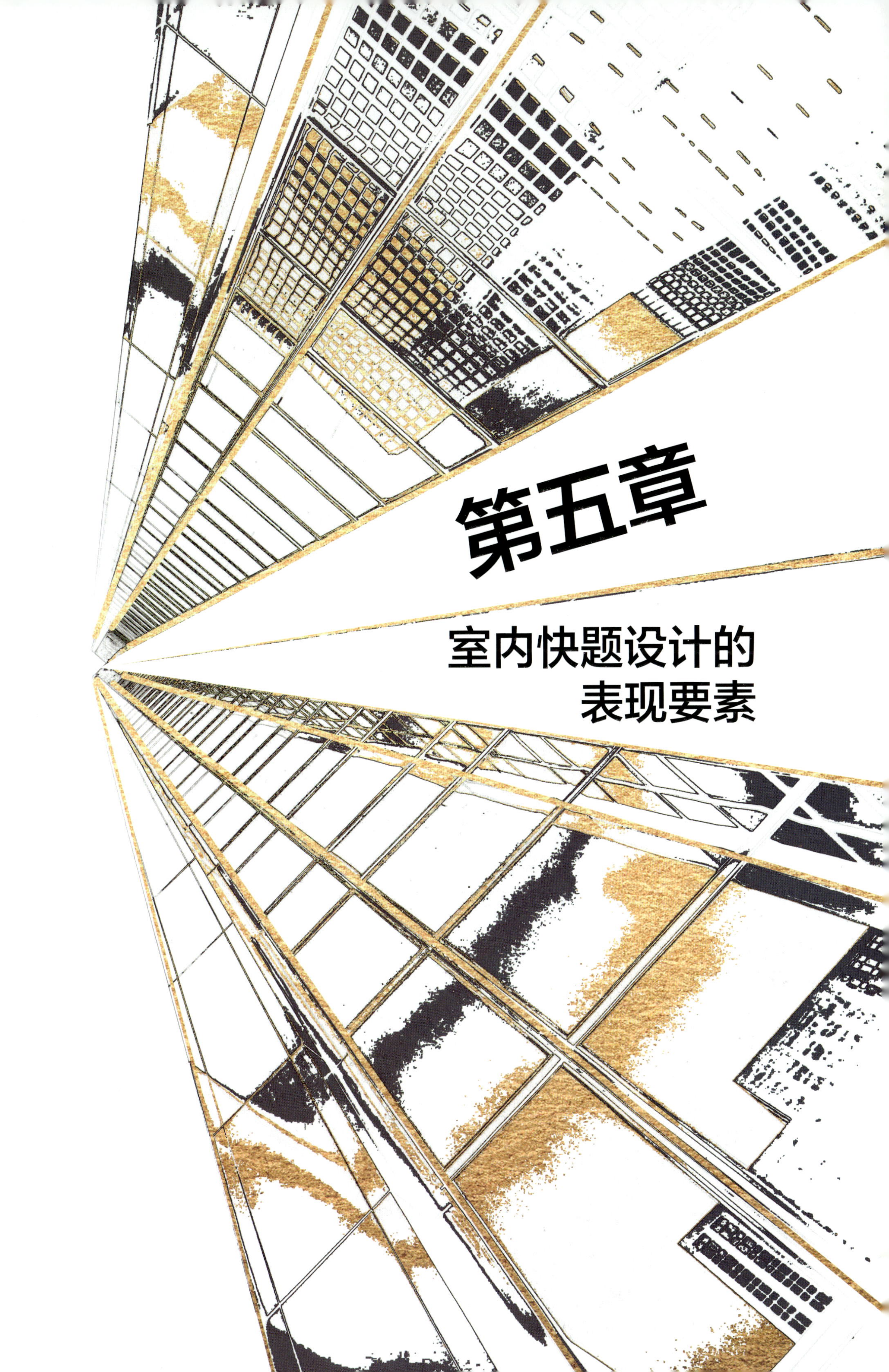

第五章

室内快题设计的表现要素

前面我们已经详细地介绍了室内快题设计的设计方法、设计步骤和设计程序等，那么这些方法步骤到底要如何去运用？并且运用在哪些地方呢？这是本章的学习内容。

构成室内快题设计的表现要素为版面设计、美术字、平面布置图、夹层布置图（天花布置图）、立面图、设计说明和透视效果图等，只有掌握好每个设计要素，才能创作出一幅好的快题设计作品。

本章知识点	学习目标
室内快题设计的表现要素和设计内容。	详细介绍室内快题设计的表现要素；掌握室内快题设计的具体设计内容和表达方式。

第一节 版面设计

1.排版的基本原则

在进行室内快题设计时，首先要注意如何进行版面设计。在这个过程中需要遵循一个原则：构图均衡、图文协调、重点突出、没有漏项。

虽然快题设计考查的是设计者的方案设计和表达能力，但有经验的评阅人完全可以从图纸的排版情况和图面的整体效果判断设计者的修养和基本功，同时，整洁美观的图面将给评阅人以良好的第一印象。排版时注意把重要的图放在整张图纸的视觉中心，并且占据面积的比例也较大。

一套快题设计表现图包括了平面、立面、透视效果图等组成，根据设计任务书绘制合理的设计图纸，快速排版构图的技巧有三种，一种是按一定比例把多个图纸缩小，然后勾画出几种不同的组合形式进行比较，从中选择一个比较理想的构图方式（图5-1）。第二种是把设计草图在图板上做排列组合，选择合适的构图。要做到整个画面完整统一又有变化，注意主次关系要突出重点。要做到色调的统一与变化，黑白灰关系各自占有适当的比重，组合成统一的图案，这个方法称为主次法则（图5-2）。第三种是视向法则，根据视向的移动顺序特点，来进行排版设计，比如从左往右，由上至下，不能背离视线移动的规律：从右往左，由下至上（图5-3）。

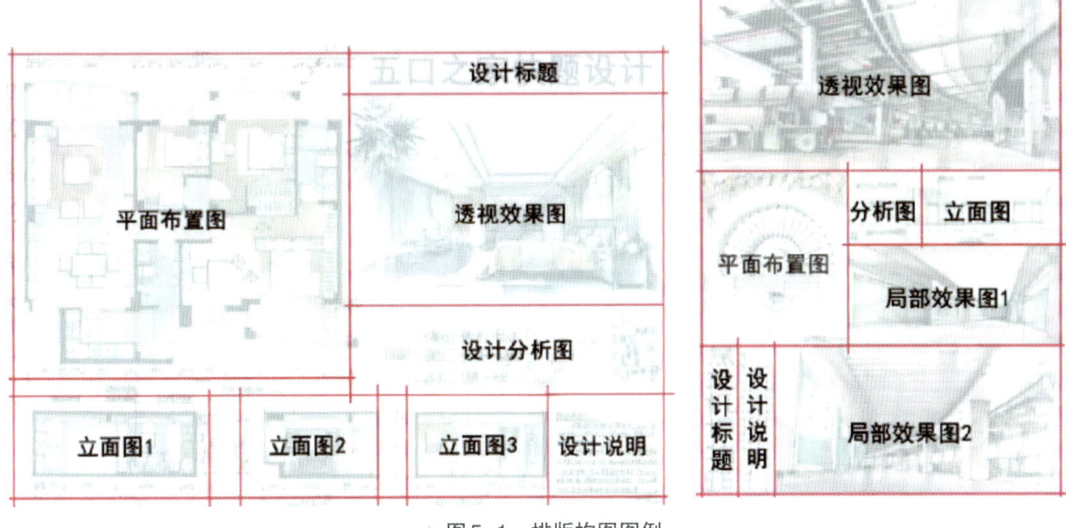

▲ 图5–1　排版构图图例

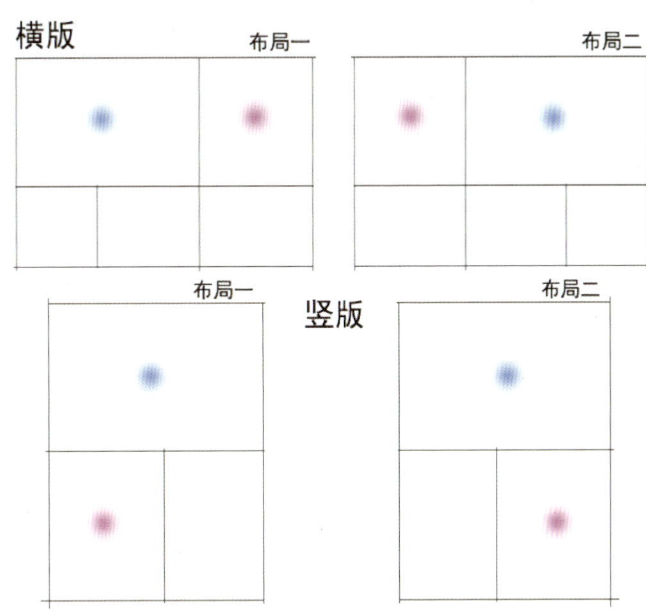

▲ 图5–2　排版的主次法则

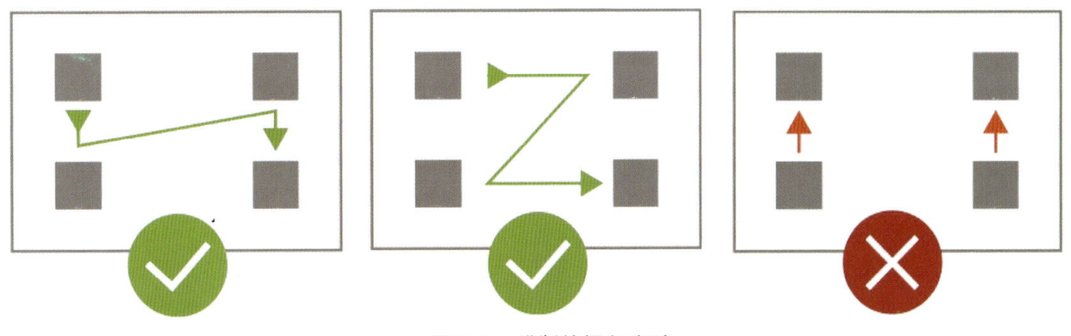

▲ 图5–3　排版的视向法则

2. 排版应注意以下几点

（1）画面排版匀称，设计中要求各部分精彩程度不同，如平面图上要素多，幅度应大；透视图直观具象，往往引人注意；分析图与文字应简洁明快，整体应匀称（图5-4）。

（2）排版如果出现较大的空隙，需要进行适当处理，绘制出重要部分，根据情况安排标题与图例，熟练地运用标题可以节约时间。

（3）排版要注意整体的艺术性与美观性（图5-5）。

（4）作图规范，图5-6所示为快题设计从图名及比例、指引符号到尺寸标注等的表达都非常规范，很好地辅助了图纸内容，向阅卷者传达了自己的设计构思。

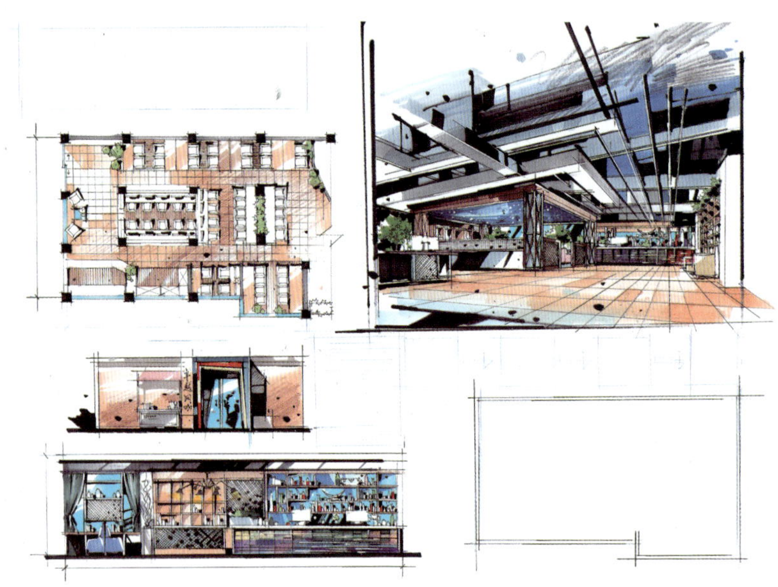

▲ 图5-4　排版的绘制（卓越手绘作品）

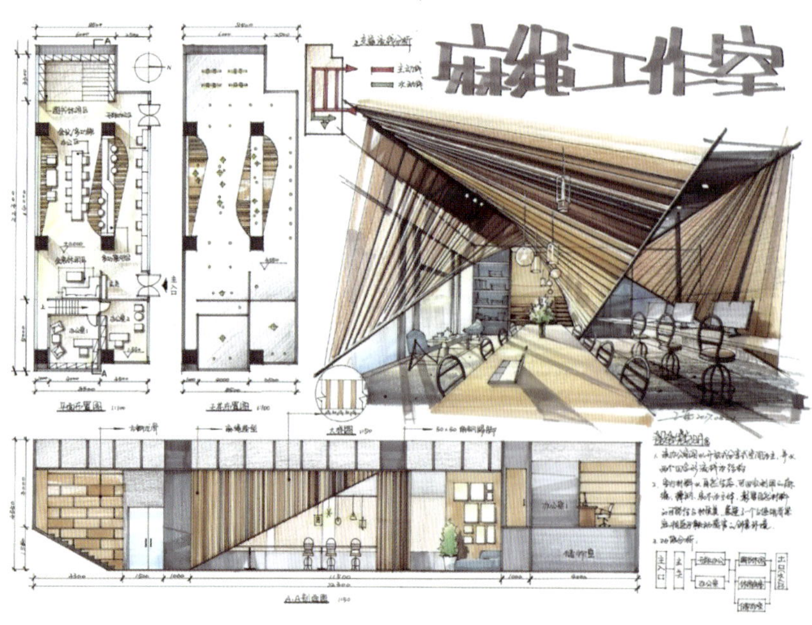

▲ 图5-5　排版的艺术性与美观性（秦瑞虎作品）

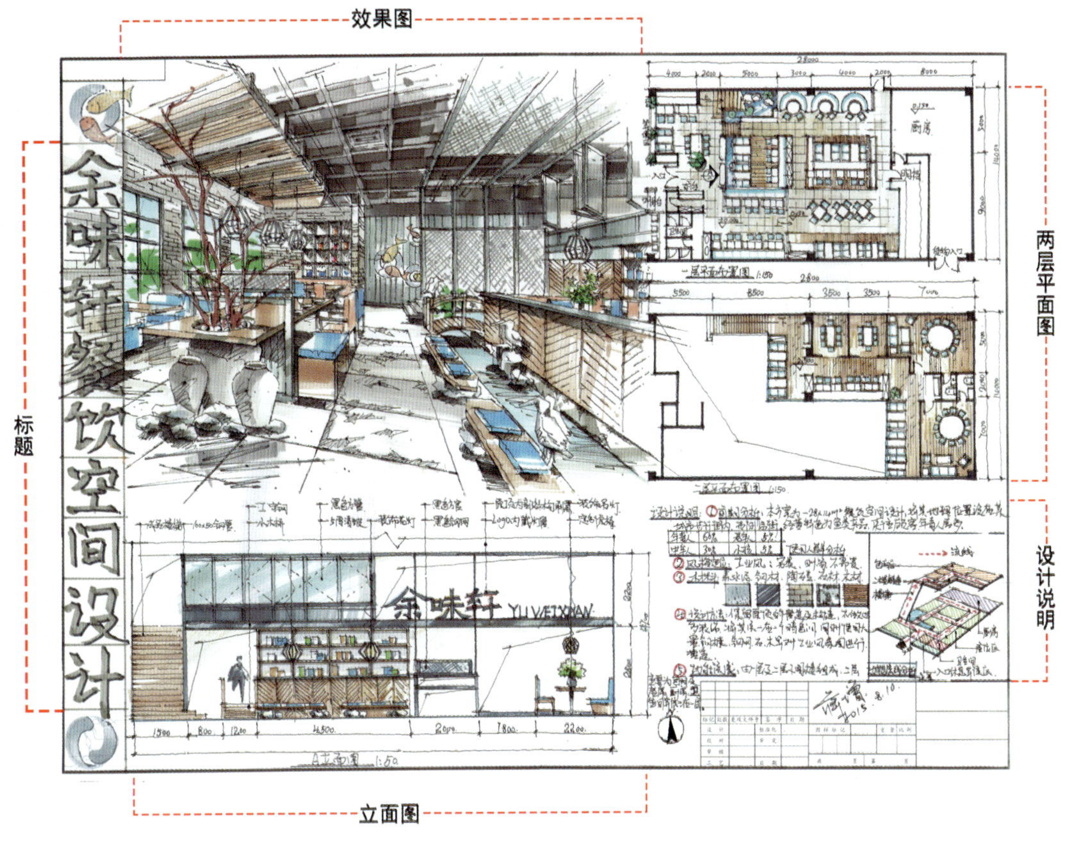

▲ 图5-6　作图的规范性作图的规范性（蒋增作品）

第二节 美术字

快题设计除了通过图形向阅读者传达信息之外，画面中的文字信息传达也很重要，图形传达的内容较直观，文字传达的内容更精准，两者有着相辅相成的关系，图形结合文字能够更完整、更全面地传达设计者的构思。

所以在室内快题设计图面上书写文字是必不可少的，一些以图案表示不清的地方可以用注解、标题、说明等形式来呈现。成功的文字呈现可使图面更具说明性，也更美观。正确的文字表现应先加以计划，从构图角度的整体来考虑。

1. 快题设计的文字分类

在快题设计画面中的文字分为说明性文字和美术字两大类：

（1）说明性文字一般采用标准制式的仿宋体来书写，说明性文字应注意以下几点：

①简洁明了地说明设计意图，不要过于啰唆；

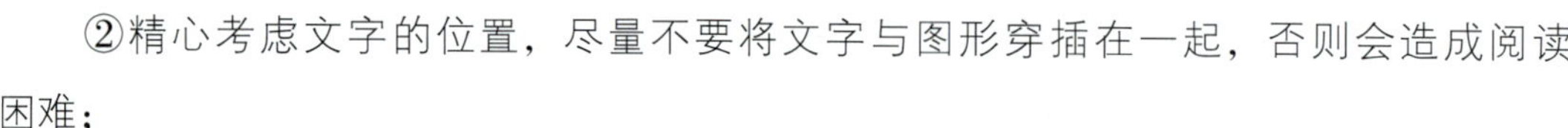

②精心考虑文字的位置，尽量不要将文字与图形穿插在一起，否则会造成阅读困难；

③重点标注关键文字，让文字说明看起来逻辑关系更强；

④图文并茂、分点陈述。

（2）美术字，常用来表达设计的意图、标题等。快题设计的标题内容一般与任务书相对应，如“办公空间快题设计”“餐饮空间快题设计”等，也可以在此基础上添加副标题，副标题是对方案的设计命名。如“家居空间快题设计——绿色之家”“餐饮空间快题设计竹餐厅”“茶室快题设计——禅茶一味”等。

这类标题字体还可以和图样相结合，如与图框结合在一起。写字时还有注意选择马克笔的种类，利用不同的笔头可以产生不同的字体效果（图5-7）。

主标题：主标题尽量精确、简短，一般将空间主题作为主标题。

副标题：副标题有补充、解说的作用，表达的内容相对主标题应更加具体。

▲ 图5-7　标题的艺术性

2. 美术字的运用特点

（1）美术字体在整体上要笔画分布均匀，外向要尽量饱满。

（2）美术字体的笔画要尽量连贯，字与字之间要紧凑，让一组标题更具整体性。

（3）文字部分不要过于装饰，美术字主要在时间充足的情况下来增加整张快题设计的亮点，另外，运可以增加一些装饰性的符号和线条，以便活跃图面、完善构图。甚至可作为整张快题设计的亮点（图5-8）。

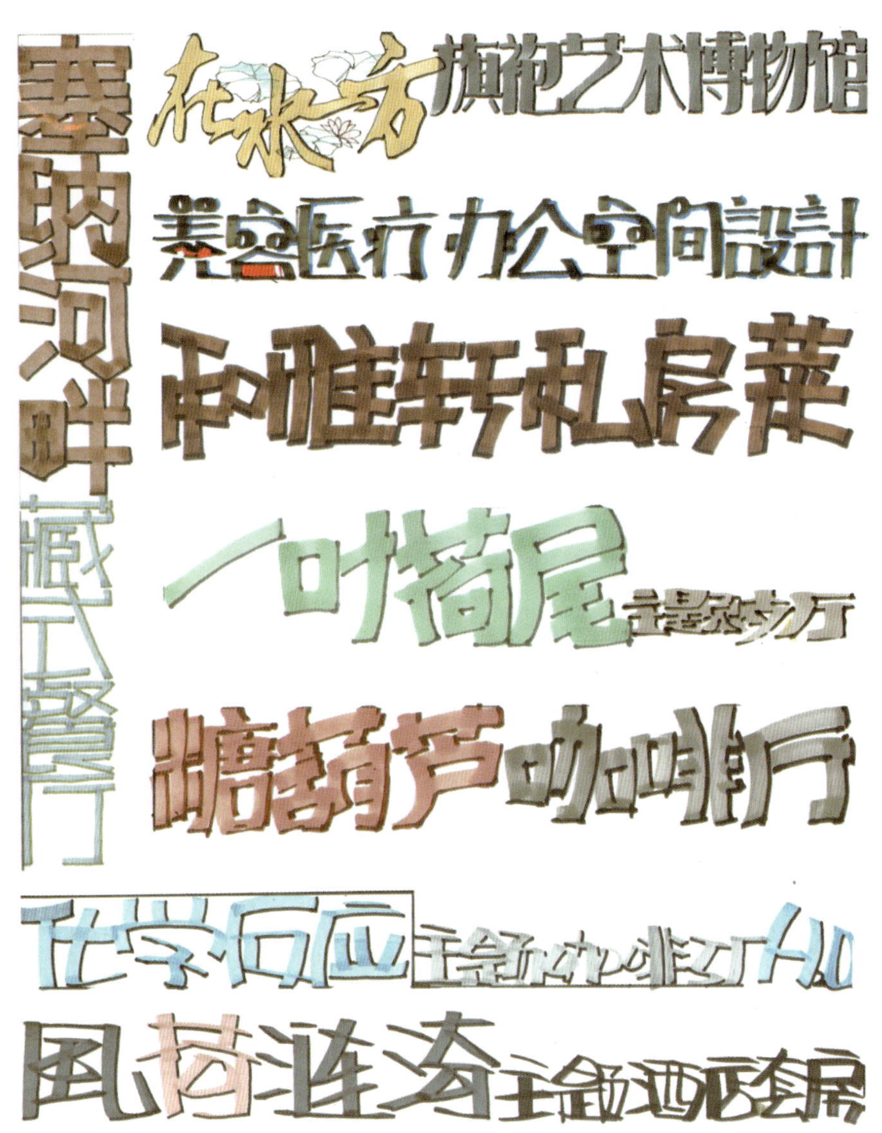

▲ 图5-8　快题设计中的标题图例

（4）标题的变化可以体现在色块、字体、字号的大小等，不同的大小的字体展现的效果也不一样。

（5）除了一些常规字体，在快题设计中也可以运用一些艺术字体，增加快题设计的趣味性和亲和力，同时在整幅画面中可以起画龙点睛的作用（图5-9）。

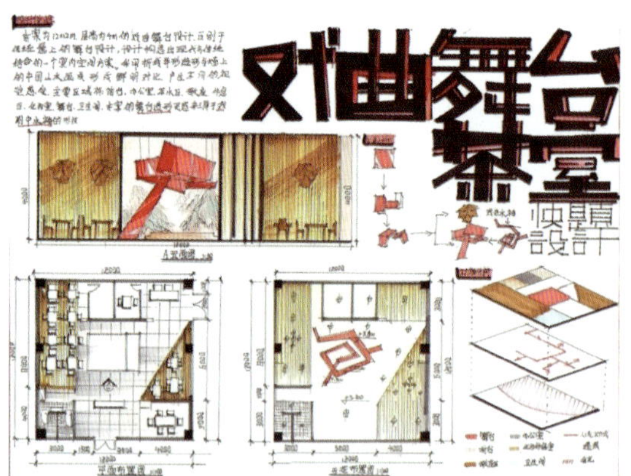

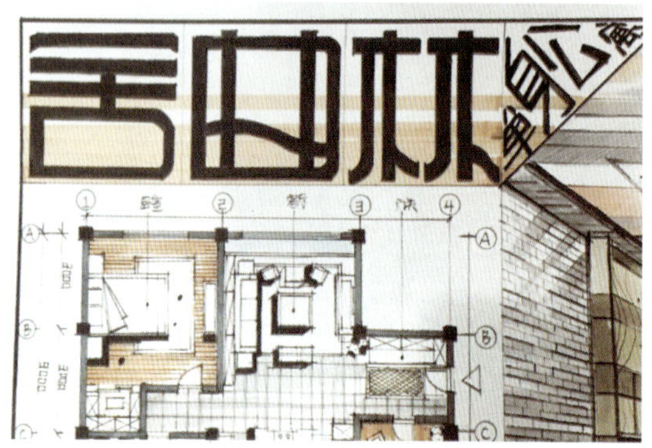

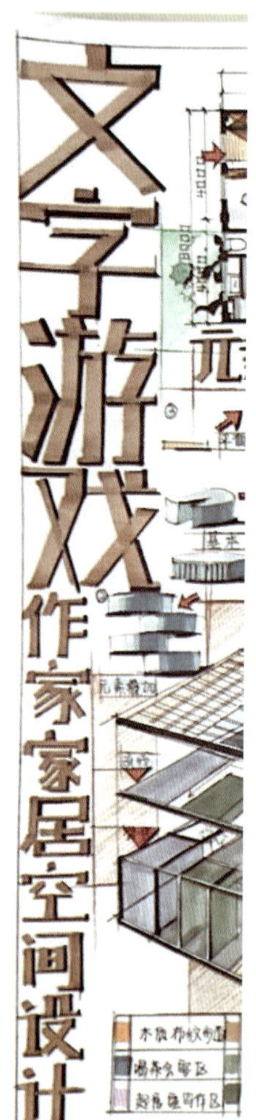

▲ 图5-9 快题设计中的标题图例

第三节 平面布置图

室内平面图主要是用来说明室内功能布局、交通流线、各种家具、家电陈设以及各种绿植等之间的相互关系，可通过平面图作为判断整个设计是否合理与舒适的主要依据，平面图直接体现了设计者的思维，所以它是快题设计中最具有分量的一部分。在平面图表现中，所选的图形不仅要美观还要简洁。要符合设计后的使用功能要求及空间美观要求，同时我们也要要熟悉不同图例的表现方式（图5-10）。

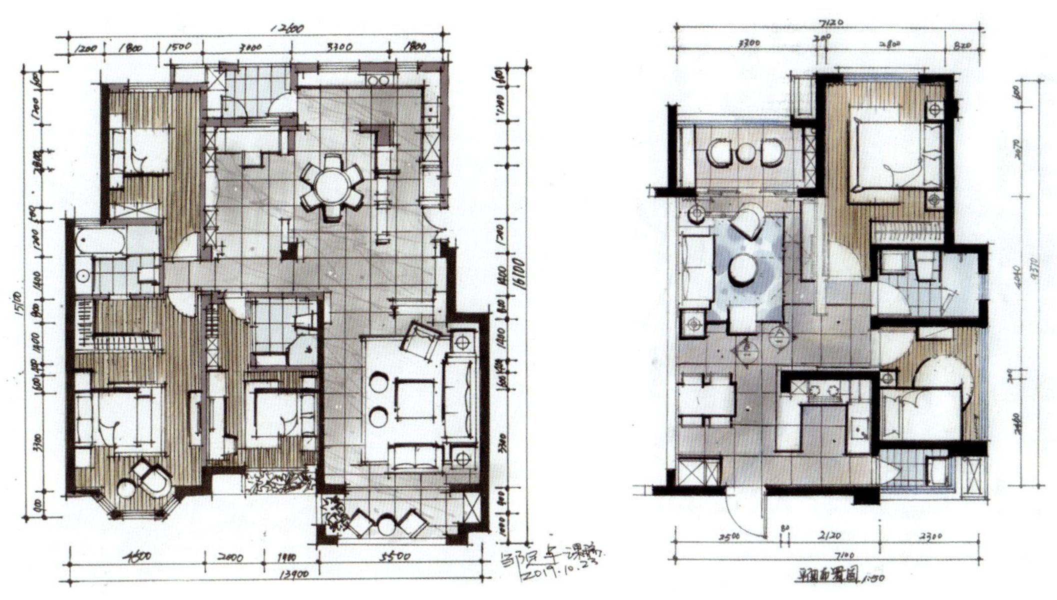

▲ 图5-10　平面图图例（邹定宇作品）

1. 平面布置图的绘制要点（图5-11）

室内平面布置图在平面表现时要注意以下几点：

（1）平面布置图必须绘出所有涉及的家具、家电、陈设配饰等的水平投影，并按照规定的图例符号绘制出来。

（2）在绘制家具、家电时必须按照与平面图相应的比例来绘制，同时加上一定的投影关系，以便强调形体。室内设计中的吊柜以及高于剖切平面以上的固定设施均用虚线表示。

（3）平面布置图中的尺寸应画出房间尺寸及家具、家电设施之间的定位尺寸，而与装修无关的尺寸可不标注。

（4）在平面图中还应表明需要装修的剖面位置和投影方向。

▲ 图5-11　手绘平面图的绘制图例

2. 平面布置图的绘制步骤

绘制平面布置图首先定好比例尺，常用的比例尺有1:100和1:50。平面布置图的绘制步骤（见图5-12~图5-17）如下：

第一步，绘制轴线。

如果任务书后附有现成的户型图，也需要把它转到正稿上，转的时候，先按照尺寸把纵向和横向的轴线用丁字尺和三角板画出点画线。（为加快速度，主要的水平线和纵向线都可以用自动铅笔贯通画出，对其中异形的墙体，需要把各个转折点定下来，并用圆规或曲线板或徒手画出）。

第二步，绘制墙体、门、窗和柱子。

承重墙可以用马克笔沿着轴线画出，一般来说平时就要多做这样的练习，针对考试来说，一般梁为300mm，柱为450mm，墙体为200mm，隔墙80~120mm。反复把握着这几个尺寸，在考试中运用就会很熟练。把墙体画好之后，用签字笔把门窗用模板方式表现。

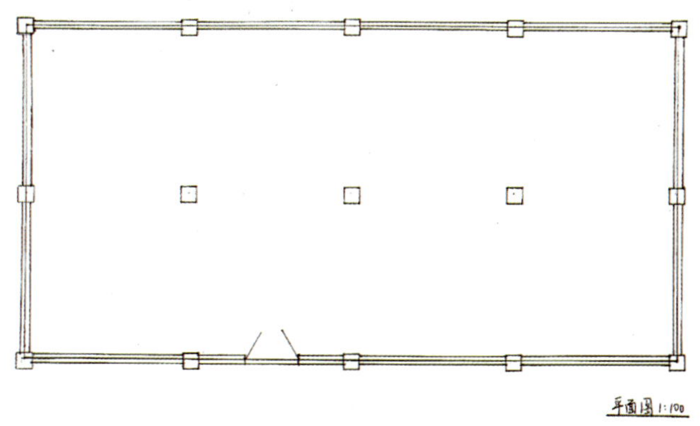

▲ 图5-12　手绘平面图的绘制步骤2（学生：谢媛 指导老师：黄佳）

第三步，将主要隔断、隔墙、地面区域界线、通道、家具位置用长线画出。

其中，通道较力难画，特别注意主要通道的宽度，以及其他次要最宽和最窄位置的尺寸，一般主要通道在1500mm左右，公共空间的最窄通道最好不小于900mm。

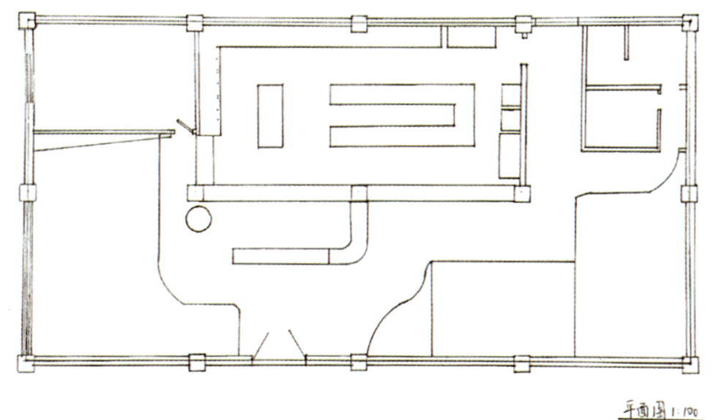

▲ 图5-13　手绘平面图的绘制步骤3（学生：谢媛 指导老师：黄佳）

第四步，画出家具设备、设施的主要结构。

画家具、陈设、隔断可以运用模板来表现，稍大的用尺规工具，稍小的可以徒手画。除了这些直观的设施以外，空间、通道、形状、位置、宽窄等“虚”的对象也是表现的重点，评卷人往往会先检查这些东西，所以表现这部分时，一定要小心，以免在创作中出现“硬伤”。

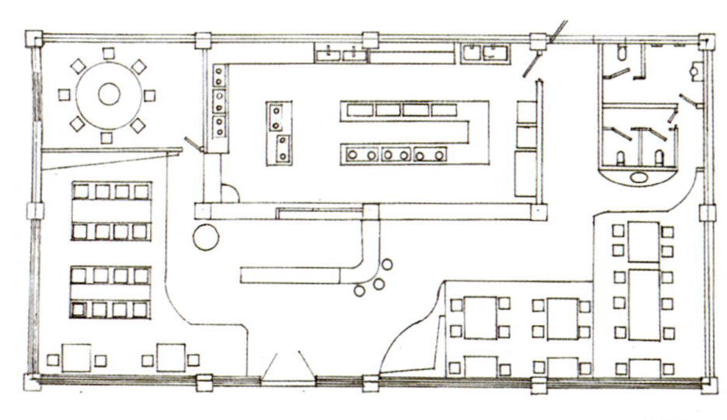

▲ 图5-14　手绘平面图的绘制步骤3（学生：谢媛 指导老师：黄佳）

第五步，画铺装、材质符号、绿化及装饰。

这些细部要运用精细和粗放的手法表现。比如，点状绿植、地砖的分格线，可以使用对应的圆孔板、直尺、三角尺等来绘制，其余材质符号、植物、水纹等均用徒手快速表现的方法。这样的表现，画面细部和整体上协调，又更显丰富。（注：在绘制地砖时局部表现，示意即可）

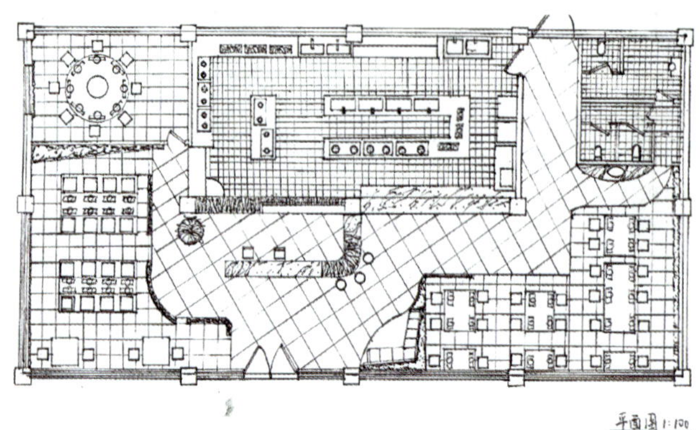

▲ 图5-15 手绘平面图的绘制步骤4（学生：谢媛 指导老师：黄佳）

第六步，调整画面的线条，以补充不足，并用文字做进一步说明。

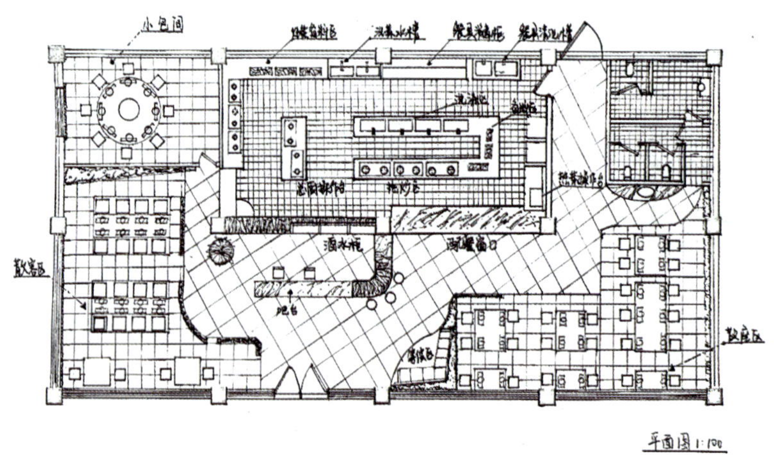

▲ 图5-16 手绘平面图的绘制步骤5（学生：谢媛 指导老师：黄佳）

第七步，画阴影以及对错误线的修改。

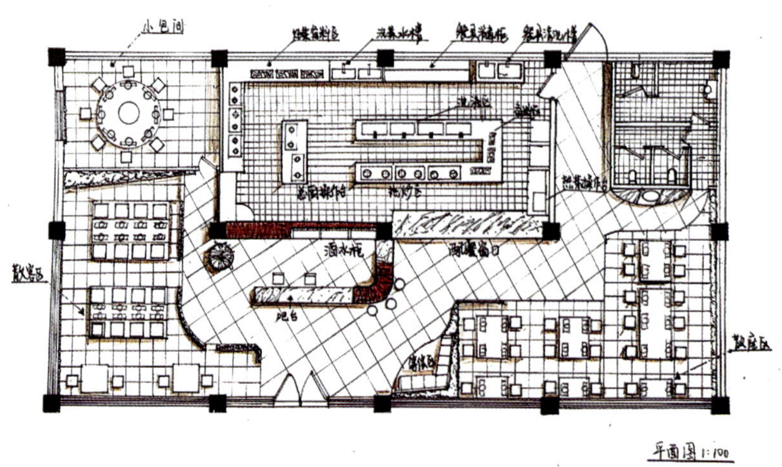

▲ 图5-17 手绘平面图的绘制步骤6（学生：谢媛 指导老师：黄佳）

为了画面的表现力更强，更能抓住人性，可以用马克笔和彩铅上色。着色应根据先整体后局部的方式进行，先确定画面的整体色调，绘制整体的环境气氛，要做到：整体用色准确，落笔大胆，以放松为主，局部小心细致，行笔稳健，以严谨为主，次用层层深入的绘制方式。在质感方面，在大色调准确表现后，要利用小笔触刻画细节以表现质感的特性。尤其要刻画在光照环境下的质感变化，特别一些反光物体的刻画要做到准确、到位，这样才能大大提升画面的效果。

室内平面图一般比较注重人造光源的光照规律。不同的光照方式对物体产生不同的明暗变化，从而对形体的表现产生很大的影响。顺光以亮部为主，暗部和投影的面积都很少，变化也较少。在室内的光源照射下会产生不同程度的冷暖变化。注重冷暖光源的层次以及不同光照方式的特点。

3. 快题设计平面图设计案例欣赏

1）展厅类

图5–18所示方案在空间中适当运用折线，使得空间显得富有变化，生动活泼，建议对手绘掌握得比较扎实的同学，可以在平面布置中运用一些折线，提升画面的生动性和设计感；至于基础比较薄弱的同学，尽量采用回字形方正布局，减少异形减少出错，做到稳中求胜。

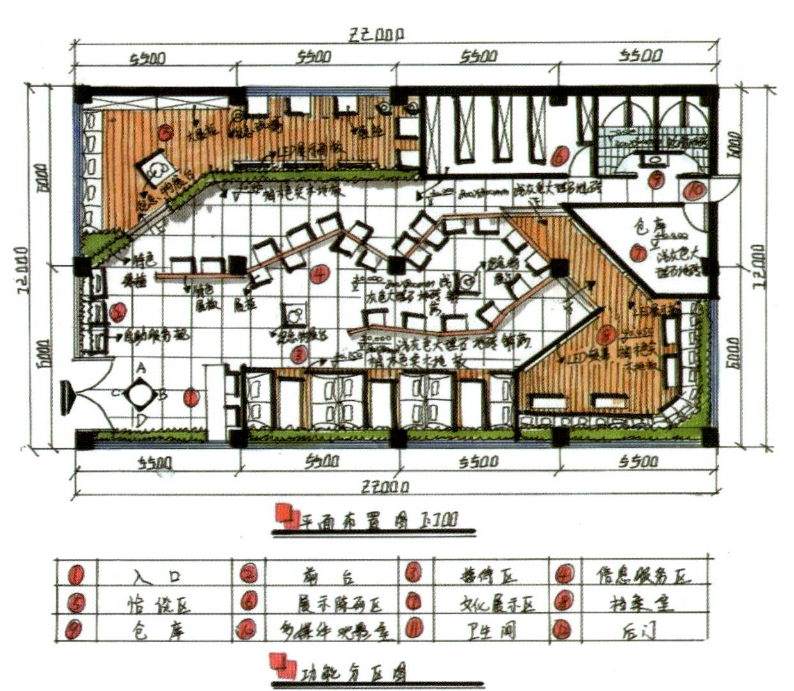

▲ 图5–18 展厅类平面方案（室内微课 作品）

图5–19所示方案在空间中适当运用一些不规则的造型，让空间充满活力和设计感。休闲区、办公室和洽谈区相对其他空间私密性要求更高，选择使用木制地板更显档次。中

部突出主要展示区，重点明显，各功能分区动线清晰流畅。

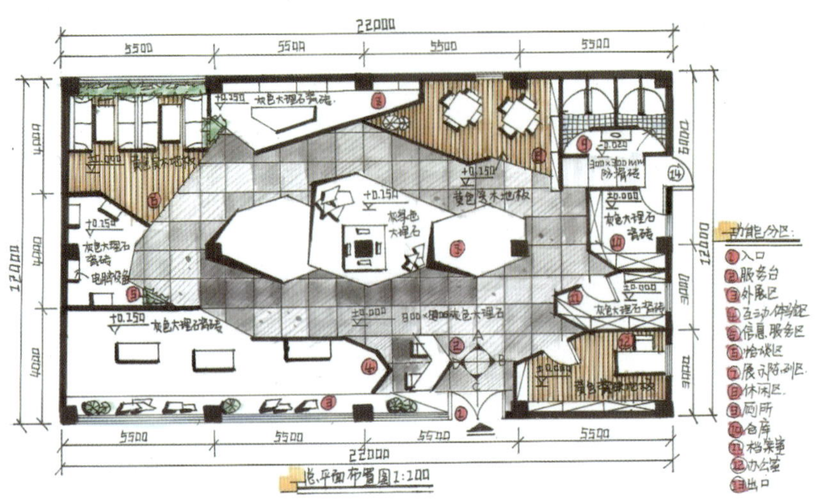

▲ 图5-19　展厅类平面方案（室内微课 作品）

2）售楼处

在平面的布置中，要有一定的次序，将不重要的区域，如卫生间、仓库等辅助功能区放在室内的末端，将主展区放在引人注目的地方，使顾客一进门就能很快发现目标；要将经理办公室，财务室等管理层区域放在一起，以提高工作效率（图5-20）。

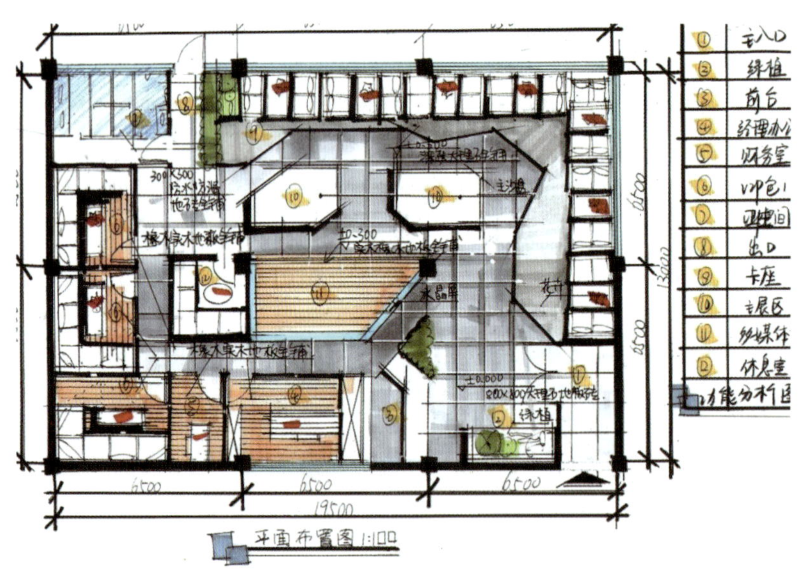

▲ 图5-20　售楼处平面方案（室内微课 作品）

3）主题餐厅

图5-21所示方案空间布局动感十足，地面铺装材料也十分丰富，通过布置景观灯设计手法巧妙地规避了死角、尖角等问题。室内设计了多种就餐方式，并通过改变地面铺装材料和局部抬高地面的手法限定室内功能区域的变化。室内布置了大量的绿植，在美化室内环境的同时也净化了室内空气，打造自然生态的室内氛围，值得各位同学学习和借鉴。

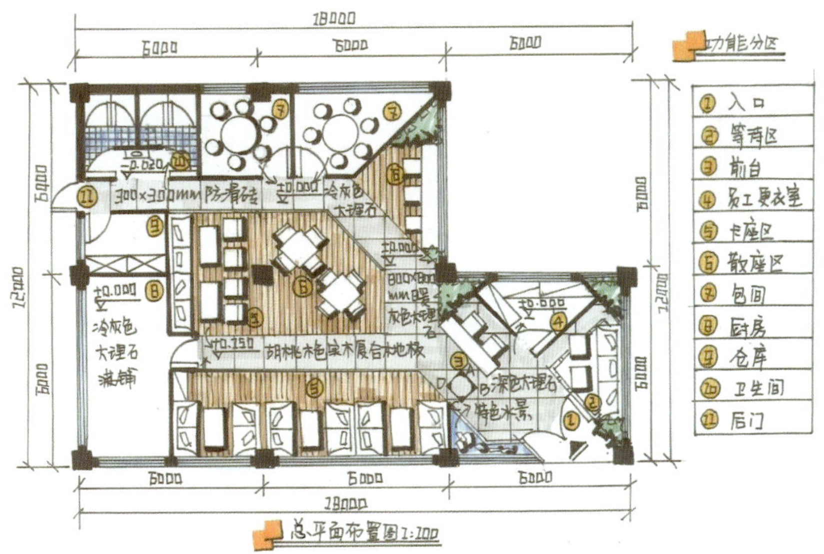

▲ 图5-21　主题餐厅平面方案（室内微课 作品）

4）书吧

图5-22所示方案，虽然平面布置上比较常规，没有很大的动感，但颜色搭配令人眼前一亮。室内布置了大量的绿植，在美化室内环境的同时也净化了室内空气，打造自然生态的室内氛围，值得各位同学学习借鉴。

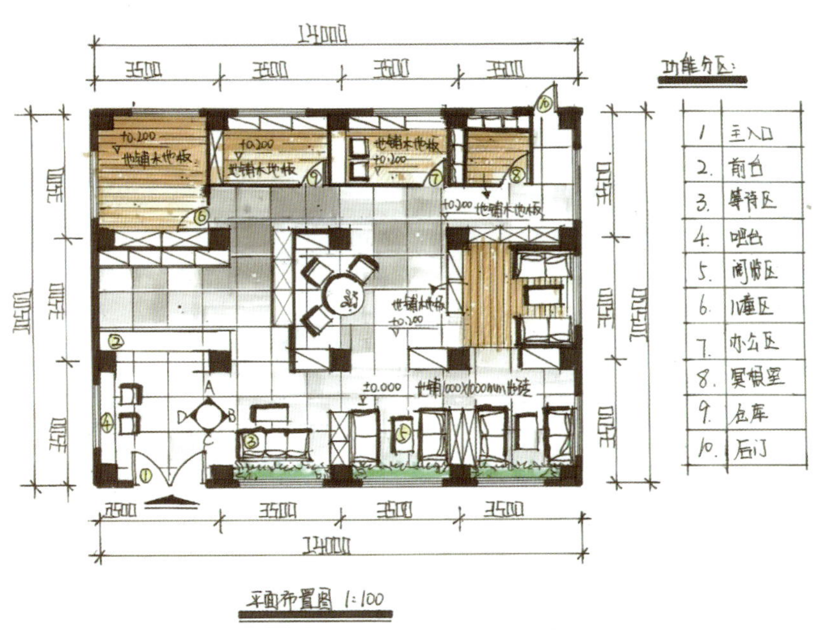

▲ 图5-22　书吧平面方案（室内微课 作品）

5）办公空间

图5-23所示方案，在空间中心的位置采用挑空的形式，打通了上下两层的空间，使内部空间更加灵活通透，富有变化。内部布置了大量的植物景观与水景，营造了环境优美的办公环境，十分怡人。

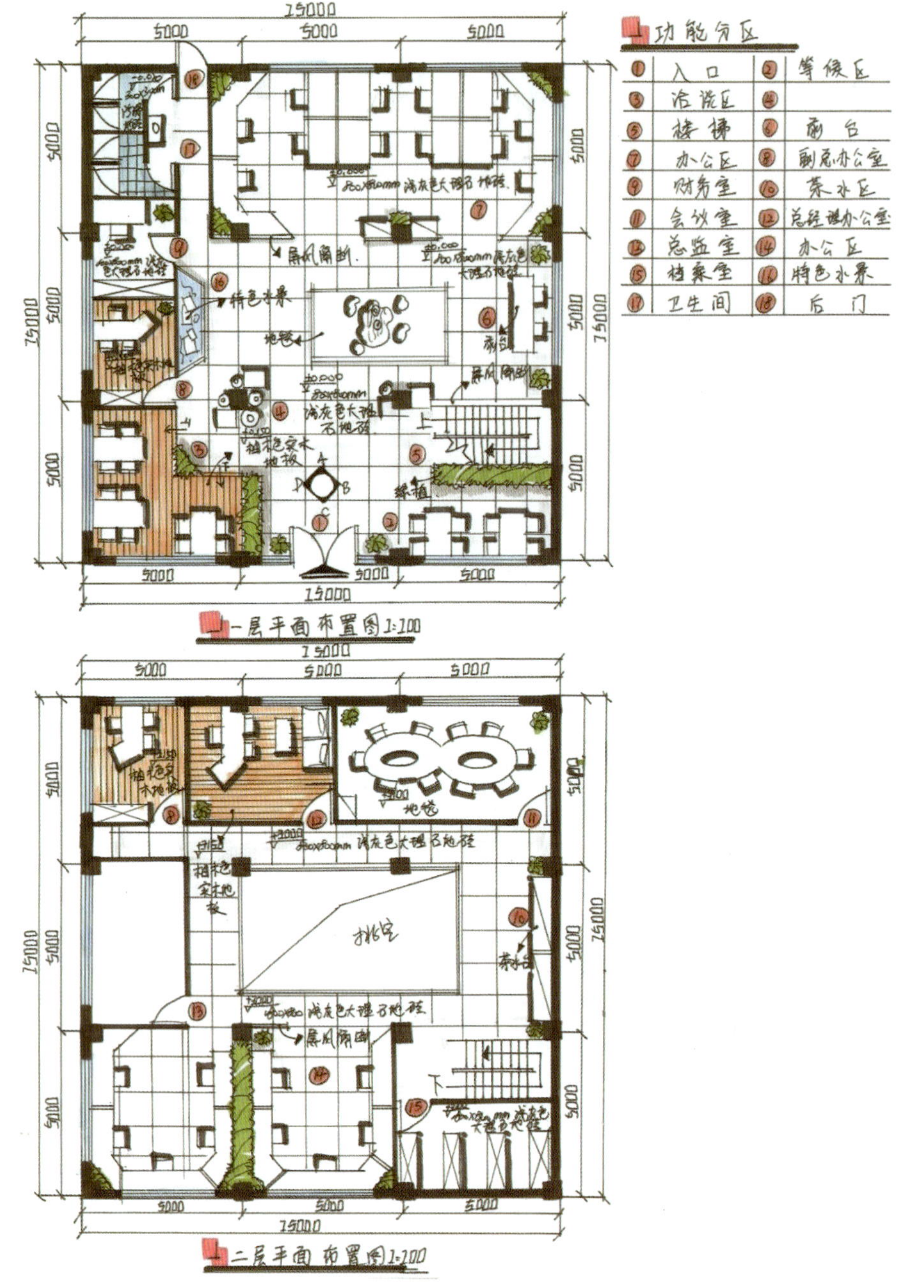

▲ 图5–23　办公室平面方案（室内微课 作品）

图5–24所示方案，在平面布局中善于运用折线，将折线与直线相互结合，使得平面布局更富灵活性，二层中间的休闲区域做抬高处理不失为一个亮点。其中将楼梯布置在楼层中央，使得楼梯的位置显而易见；室内也布置有大量的绿植，美化室内空间、净化空气。

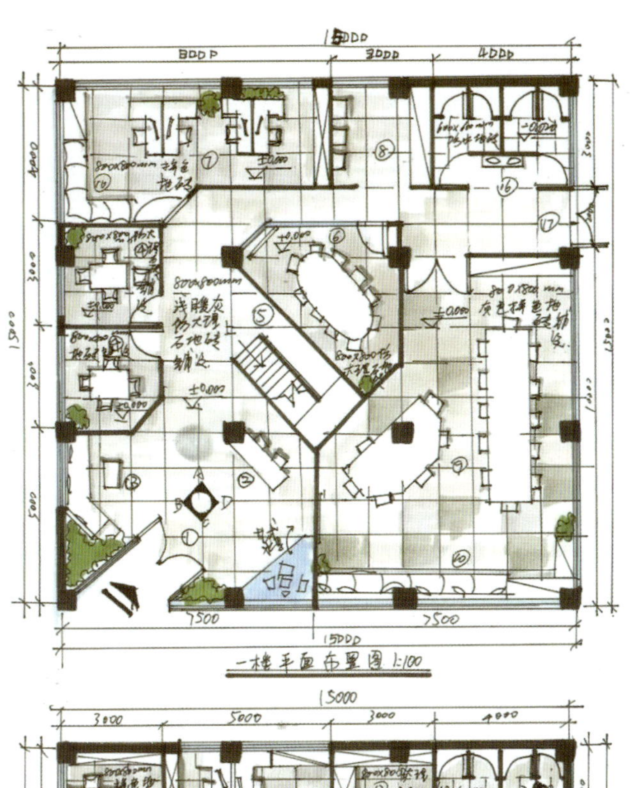

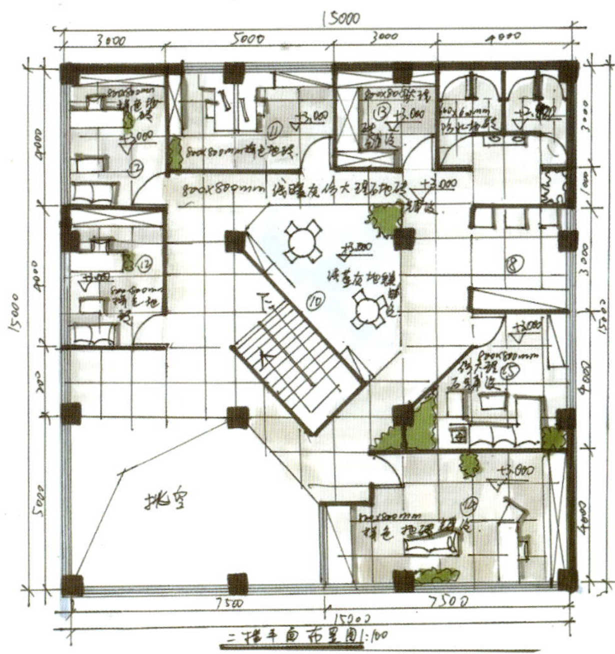

▲ 图5-24 办公室平面方案2

第四节 立面图

立面图是将室内墙面按内视投影符号的指向，向直立投影面所作的正投影图，以此来反映室内空间垂直方向的设计形式、尺寸、作法、材料与色彩的选用等内容。立面图是装饰工程施工图中的主要图样之一，是确定墙面作法的主要依据。立面图的名称应根据平面布置图中内视投影符号的编号或子母确定。

1.立面图的绘制特点

立面图应包括投影方向可见的室内轮廓线和装饰构造、门窗、构配件、墙面作法、固定家具、灯具等内容及必要的尺寸和标高，并需表达非固定家具、装饰物件等情况。立面图的顶棚轮廓线可根据情况表达吊顶或同时表达吊顶及结构顶棚。

立面图的外轮廓用粗实线表示，墙面上的门窗及墙面的凹凸造型用中实线表示，其他图示内容、尺寸标注、引出线等用细实线表示。室内立面图一般不画虚线。立面图能直观地表达空间中准确的比例尺度，所以在画的时候一定要把握好大小比例。室内立面图的常用比例为1:50，可用比例为1:30和1:40等（图5-25）。

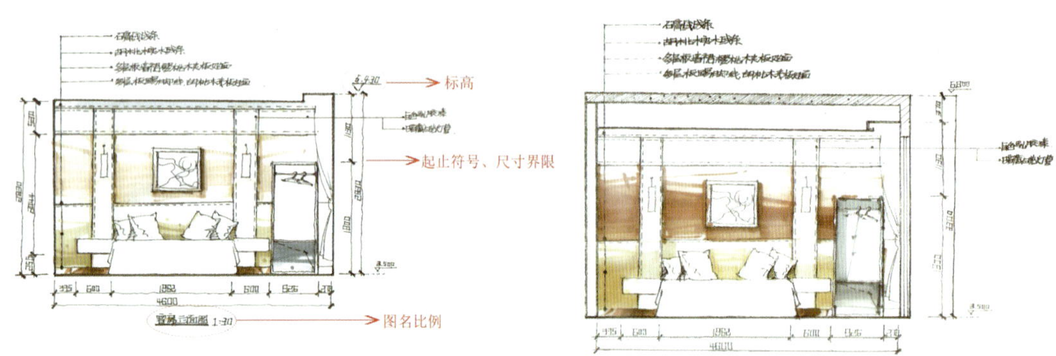

▲ 图5-25　客房立面图和剖面图示例

2.立面图的图示内容

（1）室内立面轮廓线，顶棚有吊顶时可画出吊顶、灯槽等剖切轮廓线（粗实线表示），墙面与吊顶的收口形式，可见的灯具投影图形等。

（2）墙面装饰造型机陈设（如壁挂、工艺品），门窗造型、墙面灯具等装饰内容。

（3）装饰选材、立面的尺寸标高及作法说明。一般应标注主要装饰造型的定型、定位尺寸。作法标注采用细实线引出。

（4）附墙的固定家具及造型。索引符号、说明文字、图名及比例等（图5-26）。

图5-27所示为立面设计构思图例。

▲ 图5-26　居住空间立面图示例（邹定宇　作品）

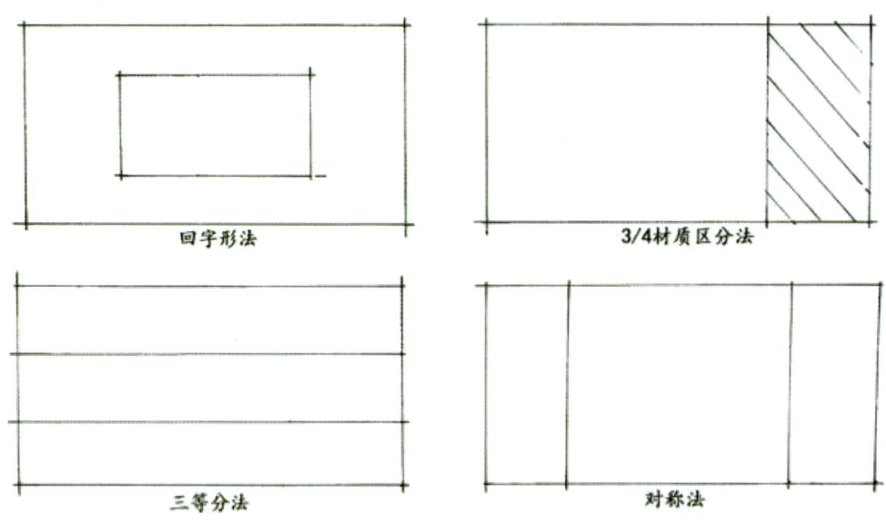

▲ 图5-27　立面设计构思图例

第五节 设计说明

由于受设计图纸表达的限制，很难全面地向阅读者表达设计者的构思，而设计说明正是建立在此基础上，借助文字及相关分析图对图纸内容做进一步解说。

根据自己设计图的方案写出设计要点和特点，重点：注意设计思维的表达，也可以图文并茂，适当添加一些分析图，这样会更加形象和具体。在快题设计中设计思维，设计的立意非常重要，这也是快题设计特色部分，一定要在画面中准确表达整个设计思路，设计说明包括整个设计的灵感元素来源、演变过程和最后如何落实到方案中，具体表现在哪里怎么去表现的。手绘不只是画图，更是设计思维的快速表达（图5-28）。

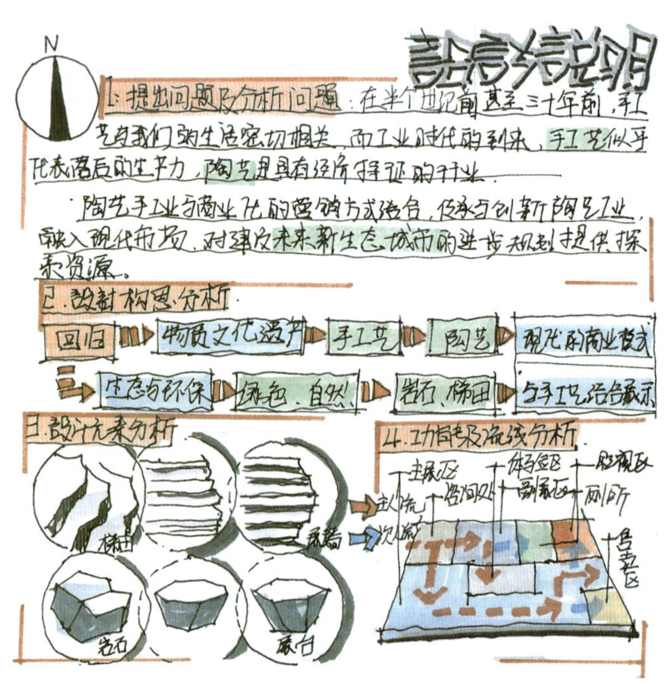

▲ 图5-28　室内快题设计说明图例

设计说明一般包括以下内容（图5–29）：

（1）此方案为什么内容设计的，是住宅空间还是餐饮空间等。此空间面积多大，主要功能有哪些部分，如何满足顾客的使用需求等。

（2）阐释主要的设计理念，如前期的灵感来源、整体空间的理念表达和应用的设计元素等。

（3）具体采用哪些设计手法、空间划分形式等，主要运用哪些材质，空间细节是如何处理的，整体的空间氛围达到怎样的设计效果，又是如何满足顾客的情感需求的等。

在以往的教学过程中，发现很多同学们的语言基础薄弱，当然这并不是最主要的问题，关键是要把问题讲清楚，之后才是语言的美化。重点要标注关键字，让文字说明看起来逻辑关系更强，最好可以做到图文并茂、分点陈述。

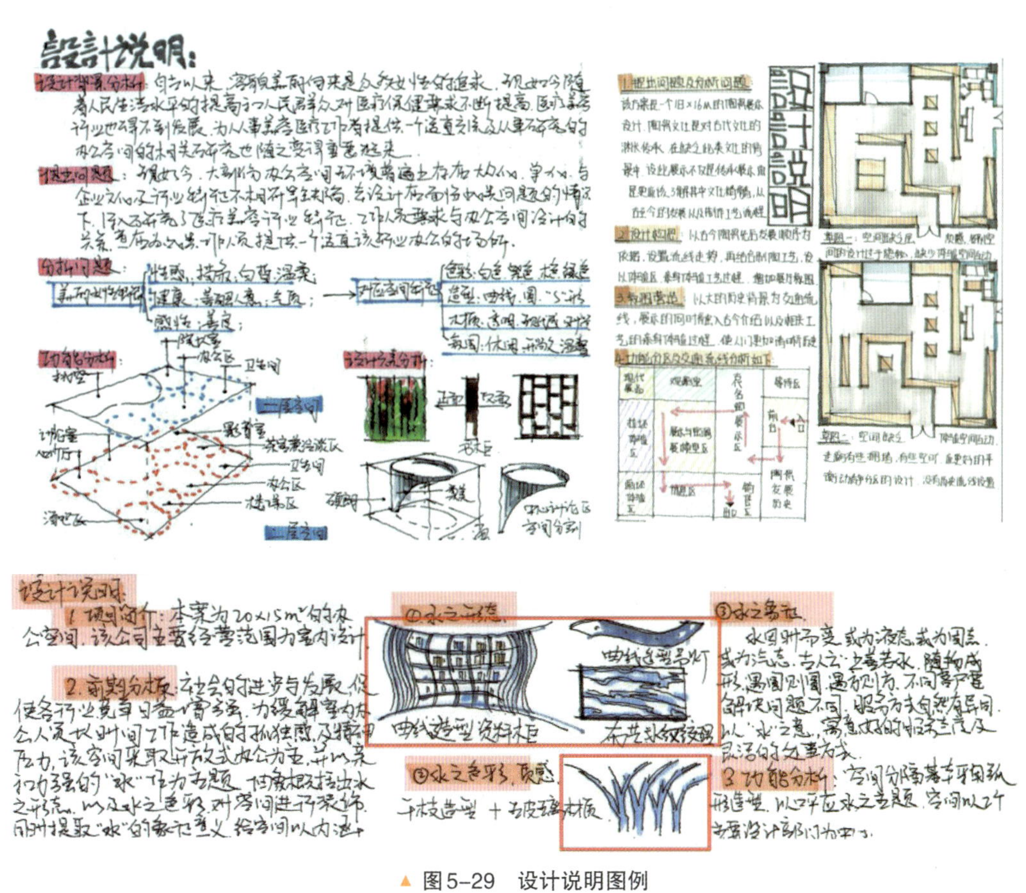

▲ 图5–29　设计说明图例

第六节 透视效果图

效果图反映了空间的整体氛围。首先，要注意视角的选择，尽量要表现大场景，能够反映空间结构及关系，展现设计方案的主要亮点；其次，透视要准确，能够把握空间比例和尺度；最后，线稿要干脆利落、丰富有细节，使用马克笔要注重明暗关系、空间感的塑造、家具造型和材质表现等（图5-30~图5-32）。透视效果图的绘制方法在第三章第三节有具体阐述，在此不再赘述。

▲ 图5-30 客餐厅手绘效果图表现（邹定宇 作品）

▲ 图5-31　客厅空间手绘效果图表现（邹定宇　作品）

▲ 图5-32 卧室空间手绘效果图表现（邹定宇 作品）

练习与思考

1. 简述室内快题设计的设计要素。

2. 根据课程时间安排，运用彩色铅笔、钢笔淡彩、马克笔及综合表现方法，在规定的时间内分别完成一个主题快题设计方案一套。

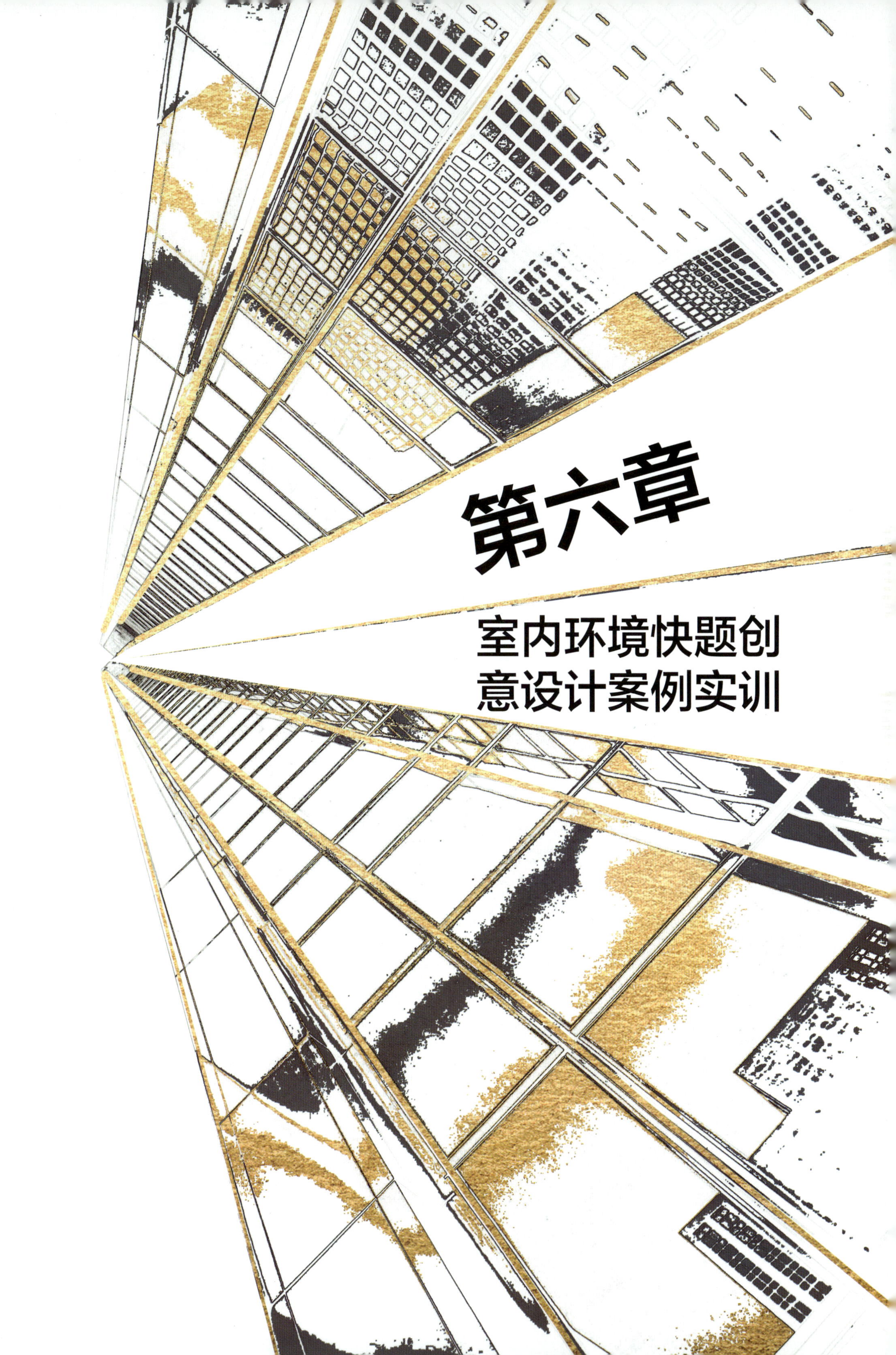

第六章

室内环境快题创意设计案例实训

在平时的学习和生活中我们要善于收集优秀的设计案例，并深度剖析案例。大家可以将优秀的设计案例转化成快题形式，一方面可以帮助大家深入理解方案设计；另一方面可以提高大家手绘表现的技能。本章选取了湖南涉外经济学院环境设计系学生的一些快题设计作品进行优缺点分析，通过实例分析，有效提高大家的设计表达能力。

本章知识点

室内快题设计学生作品案例实训解析。

学习目标

通过对学生快题设计作品的全方位欣赏和评析，总结归纳优缺点，对前面的知识点进行纵向串联和贯通，让同学们全方位提升创意快题设计的设计能力和表达能力。

第一节 主题餐饮空间方案设计

1. 真题题目

场地为一城市某商业广场餐饮空间，空间主题不限，建筑平面尺寸：13.4m × 20.1m，层高为5~6m，场内每隔6m或7m有一个柱子，柱子的直径为0.6m × 0.6m。场地门、窗的位置自定。

◆设计要求

（1）功能划分合理，交通流线清晰，内部装饰风格和主题不限，排版整齐大方。

（2）场地门、窗的位置自定。

（3）功能分区：前台收银、等候区、卡座区、散座区、厨房、吧台（操作间）、包间、仓库、卫生间等，根据需求可以适当做调整。

（4）设计夹层空间。

◆绘图要求

（1）画出平面功能布置图2张，比例1:100。

（2）画出立面布置图2张，比例自定。

（3）选择一处主要空间画出色彩效果图，表现手法不限。

（4）写出设计说明，不少于200字。

案例1

图6-1所示为心漫漫主题咖啡屋设计。

▲ 图6-1 心漫漫咖啡屋设计（学生：刘璇 指导老师：黄佳）

◆优点

（1）版式较好。采用上下均衡型布局模式排版，使构图稳定；透视图面积比较大，增强了视觉冲击力。

（2）功能齐全。按照餐厅设计要求进行平面布局，设置了门厅（含前台、等候等）、营业区（含散座、包间等）、辅助用房（卫生间等）。

（3）二层采用挑空的夹层设计，设计新颖活泼，造型感强，有助于提升整体用餐环境氛围，让室内光线更充足。

（4）天花图采用“上下呼应”的设计方法进行设计，创造了心理上的虚拟空间，满足了就餐人员的私密性需求。

（5）加入设计元素分析图、泡泡图和材质分析小图，整个画面分量感强，内容丰富，补充了设计构思过程。

（6）增加建筑外立面图，画面完整生动。

◆ **缺点**

（1）立面图制图需严谨，需要增加尺寸和材质等文字标志。

（2）楼面积略小，可以适当增加，避免面积浪费。

案例2

图6–2所示为竹篓主题餐厅设计。

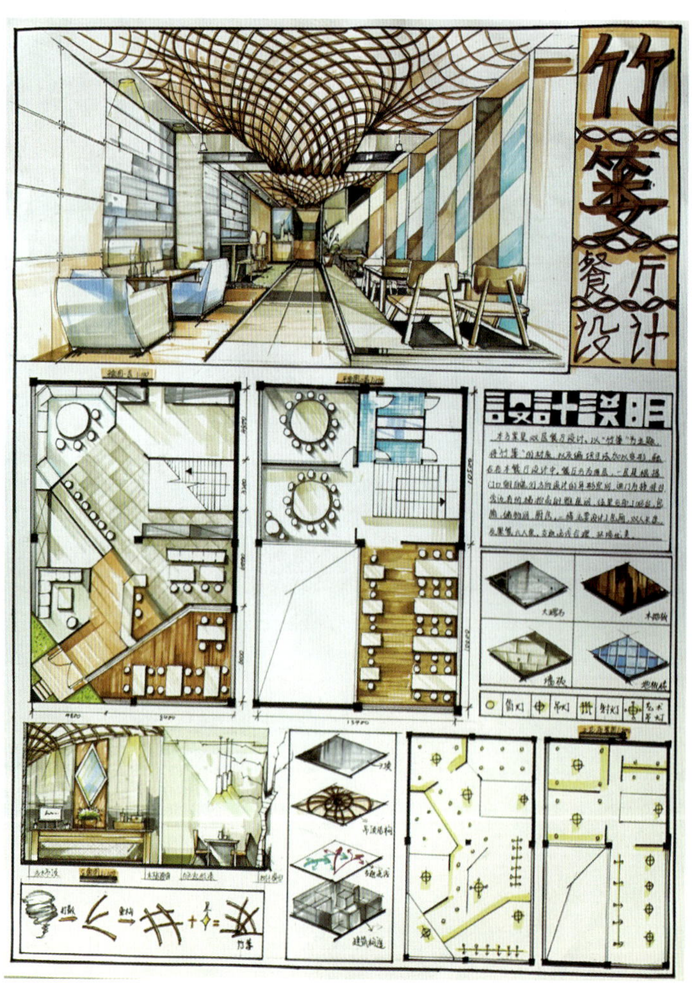

▲ 图6–2 “竹篓”主题餐厅设计（学生：魏红艺　指导老师：黄佳）

◆ **优点**

（1）图纸整体上安排井然有序，一目了然，采用竖排三等分的方式，体现规整感。

（2）效果图顶部造型独具特色，很好地体现了“竹篓”主题餐厅的特色，具有较强的视觉冲击力，呼应设计主题，软装配饰也恰到好处。

（3）天花图利用直线切割面的方式，形式感强，与平面图相互呼应，提升就餐氛围。

（4）整体把控能力较强，体现了较优秀的专业素养。

◆ **缺点**

（1）平面方案一层右上部分应再推敲细化，避免浪费过多的空间。

（2）如果能在效果图中悬挑部分结构也刻画出来，更能体现空间的特色与氛围。

案例3

图6-3所示为主题餐厅快题设计（一）。

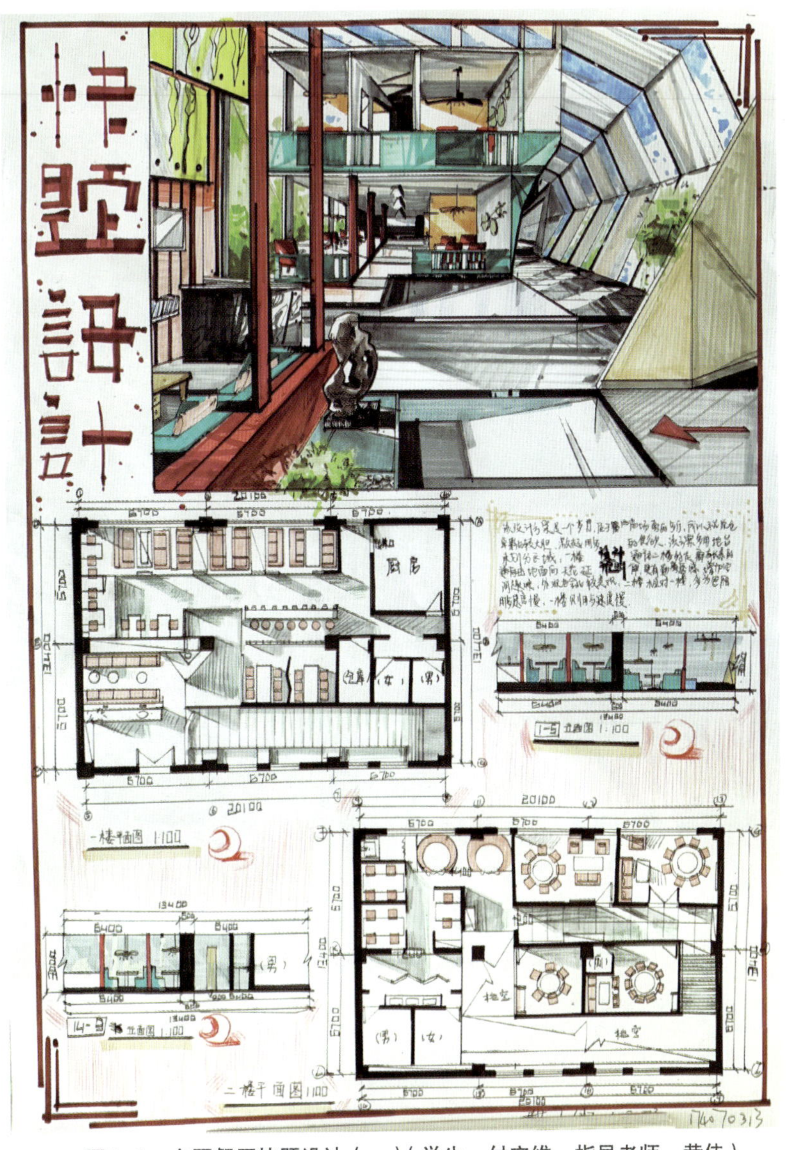

▲ 图6-3　主题餐厅快题设计（一）（学生：付宇维　指导老师：黄佳）

◆**优点**

（1）构图稳定，美观大方，内容较丰富，视觉冲击力强。

（2）效果图视点选择较好，绘制深入，透视准确，能较全面地展现餐厅空间室内设计特点，夹层空间设置有特色，落地窗设计与顶面相连，有设计感，室内光线充足，提升用餐氛围。

（3）平面方案用餐区域划分较丰富，满足不同的用餐需求。

（4）将包厢设置在空间序列的尽端，私密性好。

◆**缺点**

（1）立面图材质说明应补充完整。

（2）排版局部略显疏稀，最好加入其他分析图，如设计元素分析图、人流动线分析图等。

案例4

图6-4所示为主题餐厅设计（二）。

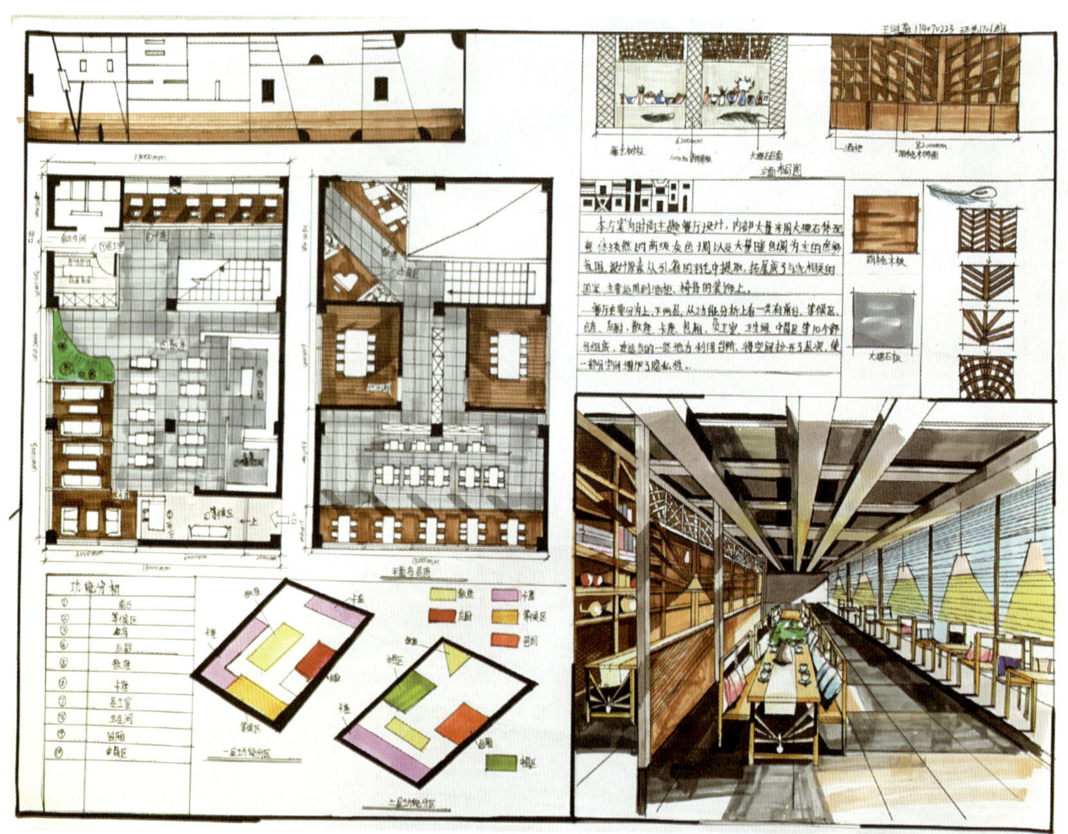

▲ 图6-4 主题餐厅快题设计（二）（学生：王胜蓝 指导老师：黄佳）

◆**优点**

（1）画面整洁大方干净，书写认真。

（2）排版井然有序，图纸内容量丰富。

（3）空间布局比较合理，入口设置了等候区域和前台区域，与室外空间有衔接性，过渡较好。

◆ 缺点

（1）平面布置交通规划需更严谨，避免空间浪费。

（2）层空间对于三角形区域的设置还需多斟酌考虑，避免锐角带来的不适性。

（3）立面图作图需严谨，尺寸不详细。

案例5

图6-5所示为主题餐厅快题设计（三）。

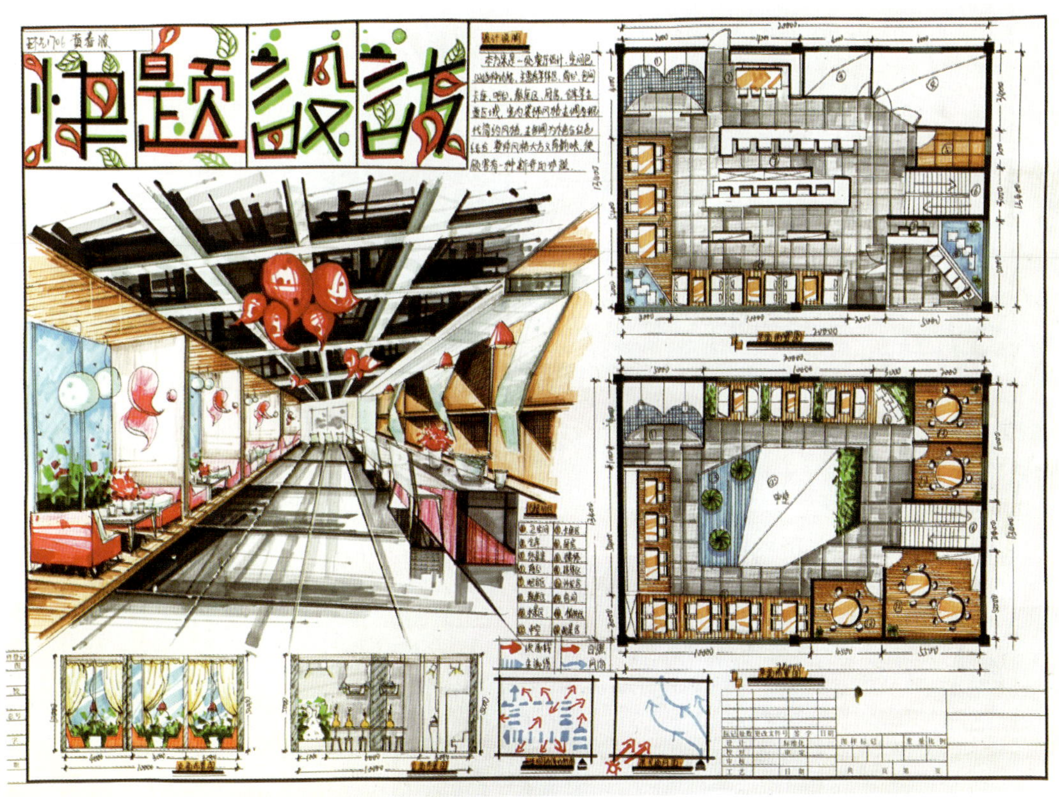

▲ 图6-5 主题餐厅快题设计（三）（学生：黄春波 指导老师：黄佳）

◆ 优点

（1）整体构思较好，秩序感强，空间形态丰富，标题设计有特色。

（2）入口比较别致，前台区域和等候区域设置了水景，带来耳目一新的感觉。

（3）两幅画面均饱满丰富，相关内容信息量大，方案布局合理，局部采用夹层空间，拓宽了使用面积。

（4）夹层空间采用中部中庭共享空间设计布局，增加空间通透性和观赏性，夹层空间用餐体验感大大增强。

◆ **缺点**

（1）效果图场景应再优化，如能体现中庭空间，场景感会更强。

（2）应再注意细节，避免空间死角。

案例6

图6–6所示为主题餐厅快题设计（四）。

▲ 图6–6　主题餐厅快题设计（四）（学生：李佳馨　指导老师：黄佳）

◆**优点**

（1）构图采用上下结构处理，简单整齐，效果图面积足够，视觉冲击力强。

（2）设计说明图文并茂，完整深入，能够分析问题，用分析小图解决问题，分析图刻画生动有趣，细节丰富。

（3）设计方案考虑了原有的结构，以中心对称式进行空间布局。

（4）工程制图严谨、认真。

◆**缺点**

（1）效果图可以选择更大的场景，体现空间设计特点。

（2）平面布置可以更加丰富多样，功能的组织与空间的变化应再深入考虑。

案例7

图6–7所示为丝源主题餐厅快题设计。

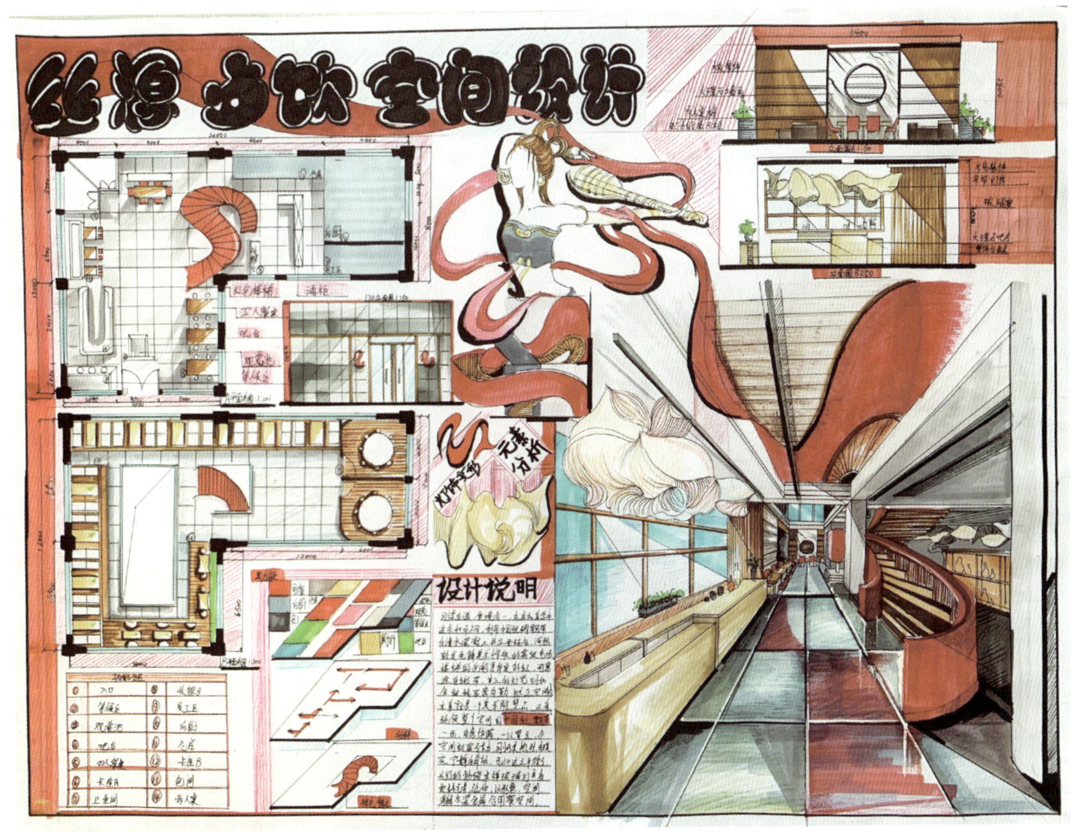

▲ 图6–7 丝源主题餐厅快题设计（学生：易杨辉 指导老师：黄佳）

◆**优点**

（1）整体构图美观大方，幅面特色明显，风格独特，红色成为画面的中心颜色。

（2）效果图大气生动，透视准确，形体比例正常，明暗及色彩关系较好，紧扣“丝源”的设计主题。

（3）平面布置围绕红色楼梯展开，夹层空间的悬挑带来轻松的用餐氛围。

（4）设计说明内容充实，图文并茂，灯饰变形、元素分析等分析图增加了画面的丰富度。

◆缺点

（1）一层布局稍显凌乱，中心不突出，用餐区位较少，尽量避免浪费空间。

（2）制图细节需强化练习。如一层、二层楼梯的表达，平面图和立面图应注意线型，外轮廓需加粗。

办公空间创意设计

1.真题题目

设计对象为某设计公司（广告、建筑、环艺自选），办公空间面积约250m，钢筋混凝土楼板结构，室内板下净高3.6m，梁下净高3.00m。

◆设计要求

（1）办公人员共16名（其中经理一名、秘书一名、财务人员2名，工作人员12名）。

（2）入口位置自定，适当兼顾入口外室外环境。室内空间可设计夹层。

（3）注重公司文化内涵，功能分区明确，流线合理，空间有序，便于员工工作与交流。

◆绘图要求

（1）按1:100比例画出总平面图及天花图各一张。

（2）画出主立面图两张，比例自定。

（3）相应空间透视图一张（工具不限）。

（4）写出不少于200字的设计说明。

2.学生作品点评

案例1

图6-8所示为OMI工作室快题设计。

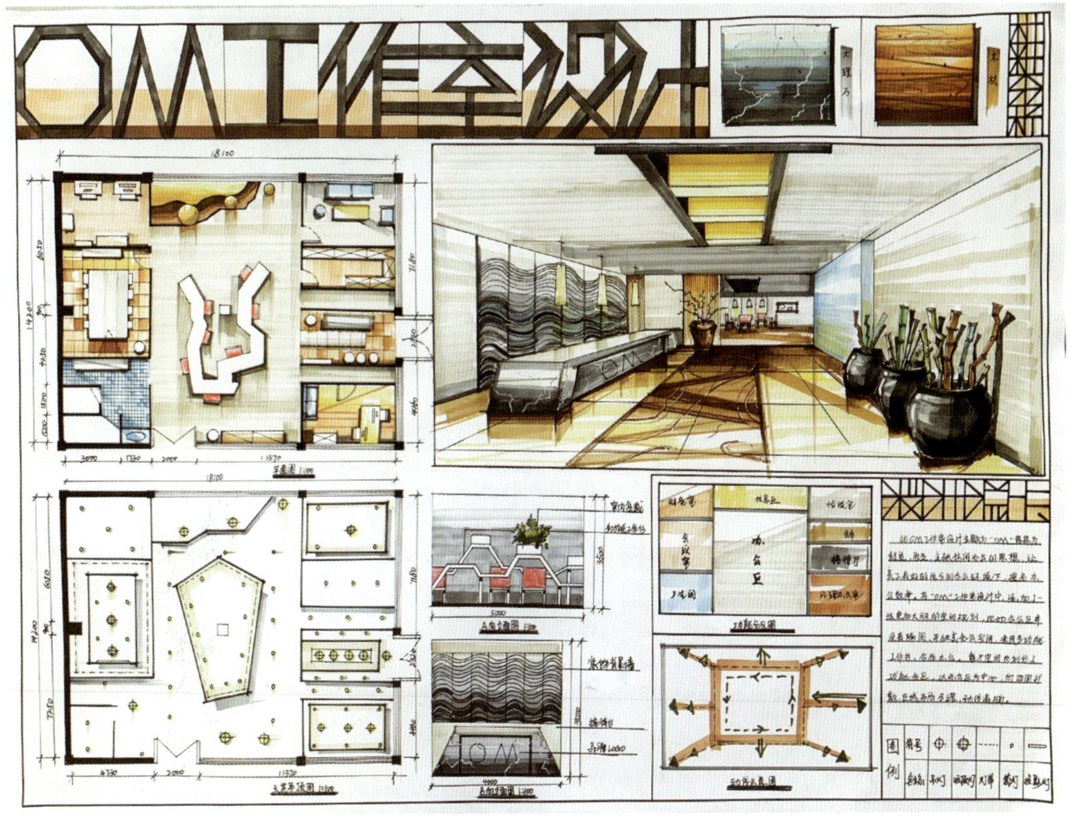

▲ 图6–8　OMI工作室快题设计（学生：魏红艺　指导老师：黄佳）

◆优点

（1）图纸整体把控能力强，构图稳定饱满，纸质信息量充足，透视图色彩搭配较好，能够体现空间文化内涵，较能吸引眼球。

（2）平面方案较好，空间功能及功能关系较好。空间划分手法娴熟，形式感强，以中心区域不规则办公桌为主要亮点，特色明显，设计氛围强烈，空间流线清晰明了。

（3）天花布置图较全面，设计感强，与平面布局有较好的呼应，用了直线切割手法，整体感较强。

（4）设计说明完整，融入了美术字，书写干净整洁，并加入了功能分区和动线示意图，增加了整体设计说明的含金量。

◆缺点

（1）部分图纸表达需强化，立面图需加强，立面图的材质需更丰富。

（2）透视图的视角选择最好能表现出工作区域，体现空间的属性。

案例2

图6–9所示为办公空间快题设计（一）。

▲ 图6-9　办公空间快题设计（一）（学生：刘璇　指导老师：黄佳）

◆ **优点**

（1）整体构图美观大方，饱满有力。

（2）方案空间布局比较合理，围绕楼梯展开，空间形式丰富多变，功能布置紧凑，空间利用率高。空间中除了必要的空间外，又加入了特色空间，如阅读区和放映室。

（3）采用下沉和抬起空间，明确空间区域，具有归属感。

（4）设计说明完整丰富，图文并茂，有爆炸分析图、功能关系分析图、元素提取图和各种细节图，增加了图纸的丰富度。

（5）立面图表达丰富，有细节。

（6）效果图设计感较强，视角选择佳，顶面形式处理有特色。色彩干净亮丽，室内光线充足，控制较好。

（7）平面图上增加了室外植物装饰，画面效果层次感强。

◆ **缺点**

（1）天花布置图可以适当增加细节，在天花图整体表达上需加强。

（2）立面图需要标注材质。

案例3

图6-10所示为环艺办公空间快题设计。

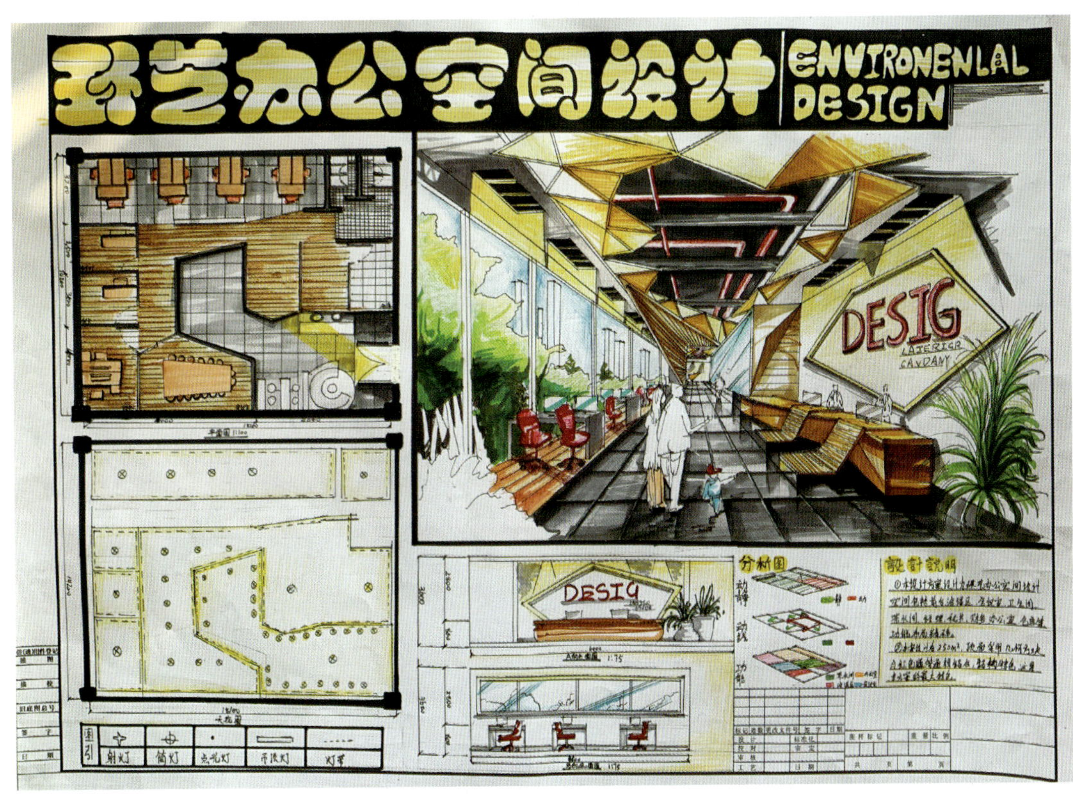

▲ 图6-10 环艺办公空间快题设计（学生：易杨辉 指导老师：黄佳）

◆ **优点**

（1）排版布局稳定，干净利落，图纸饱满，信息量较完整，标题有力醒目。

（2）地面通过高差、地台等设计丰富了地面空间，区域感较强。

（3）效果图视觉大气，能够反映主要空间，天花具有形式美感，符合创意办公空间的设计主题。

◆ **缺点**

（1）平面布局应更合理规划，设计细节上应注意：局部空间形成夹角，不易使用，尽量避免空间浪费。

（2）空间区域划分略显简单，应丰富空间形式。

（3）立面的细节需要表达清楚，需要标注材质。

案例4

图6-11所示为办公空间快题设计（二）。

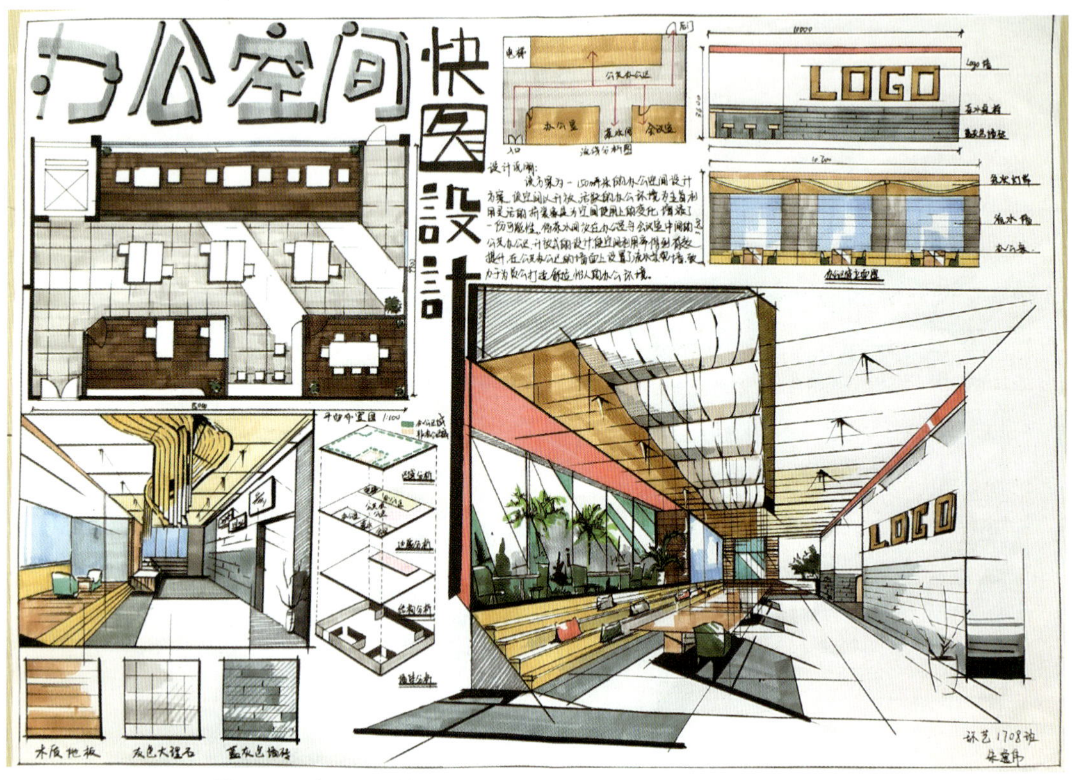

▲ 图6-11　办公空间快题设计（二）（学生：朱逸伟　指导老师：谢璇）

◆ **优点**

（1）画面构图饱满，排版整洁大方。

（2）效果图透视准确，设计感强，顶部造型丰富，室内采光较好，符合办公需求。

（3）画面补充了设计分析小图，体现了设计者的设计构思。

◆ **缺点**

（1）平面设计稍显单薄，不够丰富，功能分区不够。

（2）进门缺少与室外衔接的等候和前台区域，需补充。

案例5

图6-12所示为办公空间快题设计（三）。

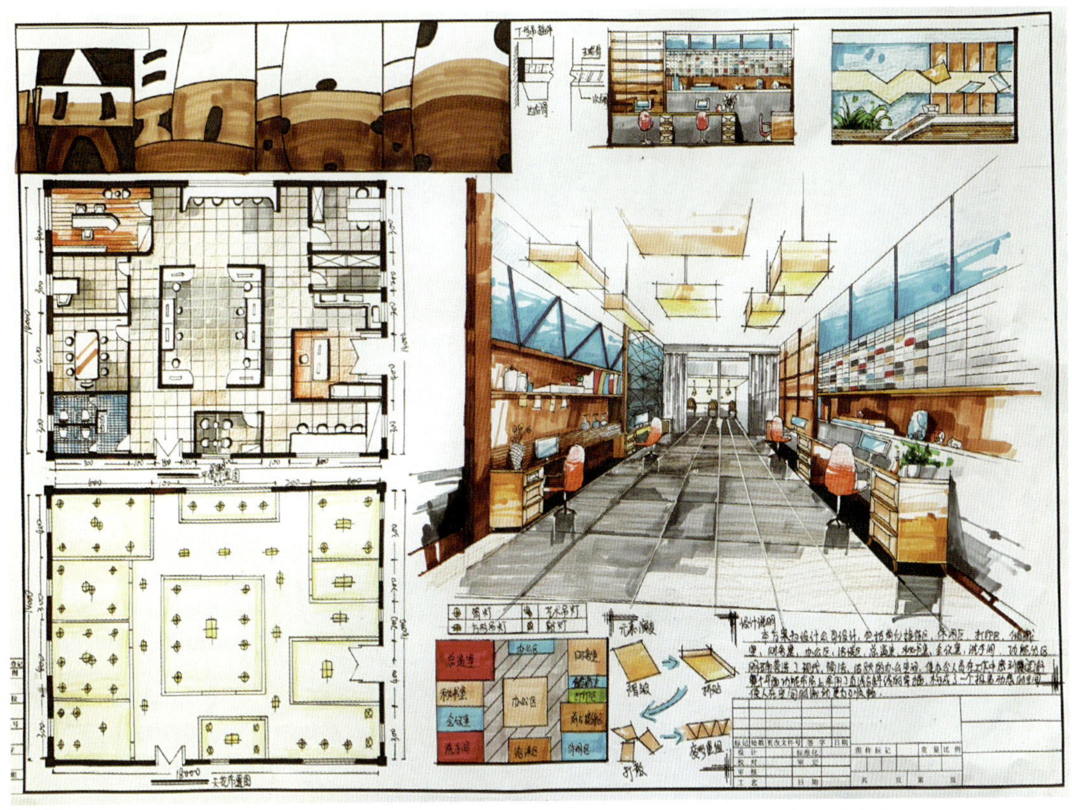

▲ 图6-12　办公空间快题设计（三）（学生：黄春波　指导老师：黄佳）

◆优点

（1）构图合理，有主次之分，版面干净整洁。

（2）平面设计表达准确，区域划分丰富，围绕中心敞开式办公空间展开设计。

（3）补充了适量的分析小图，丰富了设计内容。

◆缺点

（1）天花图略显呆板，应更富有变化，尽量不要和平面图完全一一对应设计。

（2）立面图制图应更严谨，需要补充合理尺寸和文字说明。

第三节 独立书店方案设计

1.真题题目

书店主题不限，建筑平面尺寸：12m × 12mm，室内层高：6m，每隔6m一个柱子，柱子直径：0.6m × 0.6m。

◆**设计要求**

（1）功能划分合理，交通流线清晰，内部装饰风格不限，排版清晰简洁。

（2）要求容纳30人以上，门窗自定。

（3）功能分区：接待台、休闲区、公共活动区（儿童）、阅览区、资料查阅区、办公区等。

（4）设计夹层空间。

◆**绘图要求**

（1）平面图两张，立面图一张，比例自定。

（2）表现主要的空间透视效果图一张。

（3）设计说明文字，字数要求（不少于200字）。

2. 学生作品点评

案例1

图6-13所示为“抽象具象”主题书吧快题设计。

▲ 图6-13 “抽象具象”主题书吧快题设计（学生：曾卓琪　指导老师：黄佳）

◆优点

（1）排版特色鲜明，灵活富有变化，表现效果佳。

（2）效果图很好地体现了设计主题——抽象古代，刻画深入，细节到位，透视准确，色彩明亮干净，给人眼前一亮的感觉。

（3）设计方案中庭的引入大大提升整体设计感，让空间更宽敞明亮。

◆缺点

（1）平面图的绘制方式稍显单薄，细节不够。

（2）制图应严谨，立面图缺少材质和施工工艺说明，文字标注书写要规范。

（3）适当可以补充一些分析图，会让整个版面更丰富内容更深入。

案例2

图6–14所示为“木与”主题书吧快题设计。

▲ 图6–14 “木与”主题书吧快题设计（学生：阮军　指导老师：黄佳）

◆优点

（1）排版布局稳定，效果图利落较深入，较好地体现了书吧“木”元素的艺术表达，渲染文化氛围。

（2）方案一层平面室外绿色植物的引入让整个书吧空间更具生态性，提高了空间质量，增加了艺术性。

（3）平面图布局合理，交通动线较流畅。

（4）图纸表达内容丰富，爆炸分析图和材质分析图的增加提升了版面的整体饱满度。

◆ 缺点

（1）局部空间细节需考虑，应避免单一和呆板。

（2）设计说明文字部分还需更详细。

案例3

图6-15所示为主题书店快题设计。

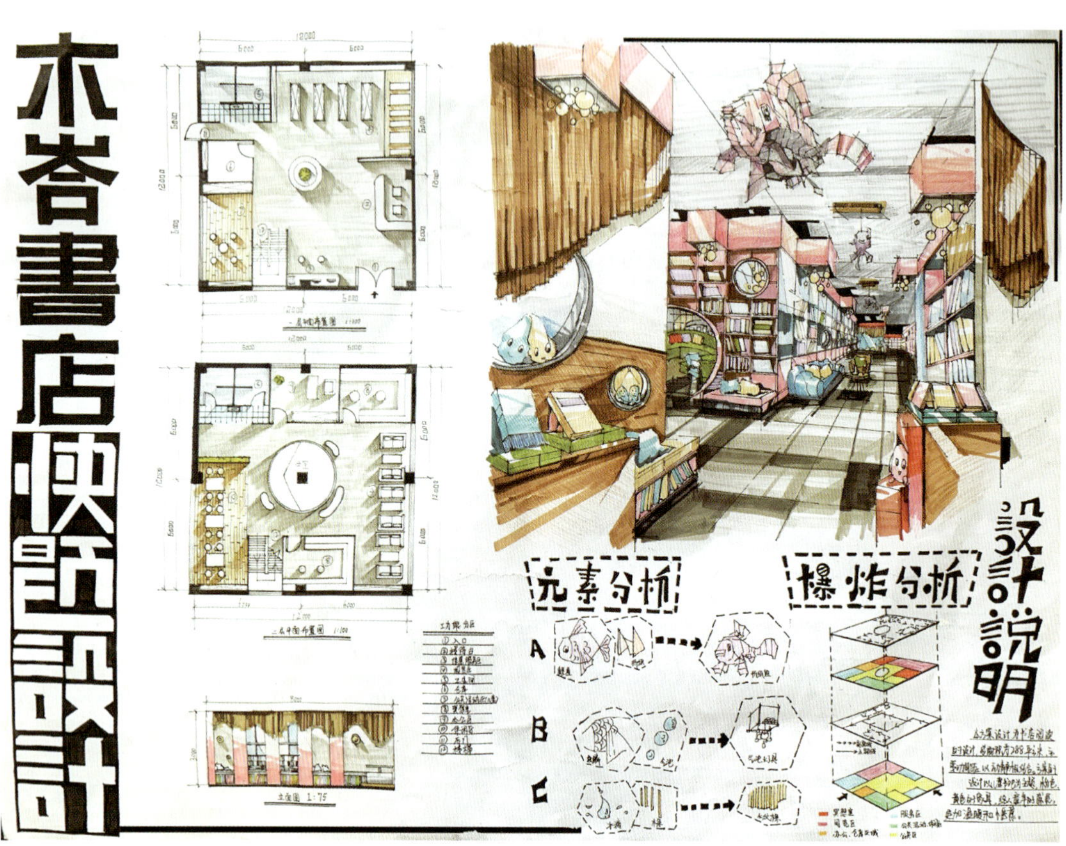

▲ 图6-15　主题书店快题设计（学生：李佳馨　指导老师：黄佳）

◆ 优点

（1）效果图中间顶面灯具造型采用鲤鱼的折纸图案变形设计，成为整个设计的亮点，彰显书吧特色。

（2）效果图色彩搭配丰富，透视较准确，较好地反映了空间的整体文化氛围。

（3）平面设计方案布局采用中部环形设计，具有向心性。

（4）图量丰富，包含了元素分析图和爆炸分析图，小图刻画生动，增加整体灵动性。

◆ 缺点

（1）设计说明文字需适当补充详细，避免单薄。

（2）平面图方案稍显简单，分区应更详细和完善，增加儿童阅读区，以提高书吧的整体空间质量。

1. 你觉得优秀的快题设计作品有哪些特点？

2. 根据课程时间安排，班级同学相互评价快题设计作业，分析其优缺点，并将分析过程记录下来，进行归纳总结。

参考文献

[1]维特鲁威.建筑十书 [M].高履泰,译,北京：中国建筑工业出版社,1986.

[2]徐书城.透视学的历史命运——中西绘画比较研究[J].美术研究，1991（2）.

[3]王东辉,于中兴.室内快题设计[M].北京：中国轻工业出版社,2011.

[4]秦瑞虎,李国胜,杨倩楠.室内快题设计方法与实例[M].南京：江苏科学技术出版社，2017.

[5]张绮曼,郑曙旸.室内设计资料集[M].北京：中国建筑工业出版社,1991.

[6]陈祖展,易锐,陈根雄.环境艺术设计效果图表现[M].南京：南京大学出版社,2011.

[7]江滨,夏克梁,倪峰.环境艺术设计表现技法[M].上海：上海交通大学出版社,2011.

[8]杨健.家居空间设计与快速表现[M].沈阳：辽宁科学技术出版社,2003.